S0-BHR-333

AMOR Y DESAMOR en el CEREBRO

DR. EDUARDO CALIXTO

AMOR Y DESAMOR en el CEREBRO

Descubre la ciencia de la atracción,
el sexo y el amor

AGUILAR

Amor y desamor en el cerebro
Descubre la ciencia de la atracción, la pasión, el sexo y el amor

Primera edición: abril, 2018

www.megustaleer.mx

ISBN: 978-607-316-346-0

Impreso en México – *Printed in Mexico*

El papel utilizado para la impresión de este libro ha sido fabricado a partir de madera procedente de bosques y plantaciones gestionadas con los más altos estándares ambientales, garantizando una explotación de los recursos sostenible con el medio ambiente y beneficiosa para las personas.

Penguin
Random House
Grupo Editorial

Para ti, que me enseñaste a…

Observar el mar.
Luz de mis ojos,
Guía de mis días,
Alegría de mi corazón…

ÍNDICE

PRÓLOGO

El amor no es un proceso fisiológico que se inicia en el corazón, es un evento que se construye y, algunas veces, se destruye en el cerebro. No hay nada como sentirse enamorado y tener la motivación de volver a ver, hablar y besar a la persona amada. Ese conjunto de sentimientos que nos hace sentir mariposas en el abdomen, taquicardia y las manos sudorosas, acompañado de sonrisas nerviosas es la respuesta neuroquímica de la felicidad asociada a emociones positivas. Pero a veces la misma persona que nos enamora se convierte en el peor juez de nuestras decisiones, en victimario, verdugo y destructor de nuestros sueños o, peor aún, en pareja que por años destruye nuestra autoestima y humilla nuestros valores más cuidados.

Este libro analiza cómo la mayoría de las relaciones de amor inician en el cerebro como una historia digna de película: conocerse, gustarse y emocionarse. Todo parece apuntar a que la persona de quien nos enamoramos es la indicada para amar, la persona para acompañarnos toda la vida. Cada beso y caricia suele indicar que estamos ante la persona perfecta. En ese momento, el cerebro libera y actúan en él un conjunto de sustancias que nos emocionan, apasionan y nos hacen adictos: endorfinas, encefalinas, adrenalina, dopamina y oxitocina. Pero esto también nos quita la objetividad, transforma la realidad; vemos sólo lo que queremos ver.

En poco tiempo –pueden ser semanas o meses, pero en promedio menos de cuatro años– aparece la personalidad real de la pareja: los compulsivos, las abandonadoras, los violentos, las manipuladoras, los infieles, las celosas, los mentirosos-compulsivos, las inmaduras, los violentos pasivos, los adictos a relaciones difíciles. Una lista interminable que a veces pasa de la anécdota a la risa, a la reflexión, a las lágrimas. Para bailar un tango se necesitan dos; para entender una relación, también. Este libro analiza lo que sucede en el cerebro de ambos miembros en una relación en nuestro contexto social común. Diferentes historias, actores distintos, con finales disímiles y experiencias únicas, en todas ellas se aprende, se discute y se pretende reflexionar.

75% de todo lo que sucede en nuestro día es una interpretación cerebral; lo que hoy analizamos, mañana puede cambiar o llevarnos a otra conclusión. Es decir, sólo una cuarta parte del tiempo de nuestra cotidianidad debe permanecer con profunda atención y debe convocar a nuestra inteligencia y memoria. Escoger, amar y romper una relación debe ocuparnos más tiempo y, en consecuencia, hacernos más conscientes de lo que hacemos. Cerca de 80% de las personas que conozcamos se irán de nuestra vida en menos de cinco años de alguna forma; reflexionar sobre esto nos ayudará a entender que no todas las personas se quedarán para siempre a nuestro lado, aunque los queramos, aunque sean necesarios.

Si en una relación ambas personas están enamoradas, ¿por qué una ama más que la otra? El amor crece cuando se reparte, debería fortalecerse con los años, pero la indiferencia gana terreno después de obtener lo que se quiere. ¿Por qué un cerebro es infiel? ¿Se perdona realmente una mentira? ¿Por qué los varones suelen afianzarse a relaciones que son difíciles? ¿Por qué comúnmente una mujer suele poner el punto final de una relación en donde el varón dejó puntos suspensivos? ¿Qué sucede en el cerebro cuando alguien ama de tal manera que no ve el daño que le ocasiona una pareja manipuladora y violenta? ¿Por qué por amor deducimos que podemos soportar dolor y perdonar todo lo que venga de alguien que dice que nos ama?

Una respuesta básica es que se debe a la dependencia que genera la dopamina cerebral, que conduce a una disminución de la inteligencia, asociada a incrementos de oxitocina que nos permiten ser empáticos y solidarios, aun con quienes son nuestros victimarios. Asociar la violencia y la felicidad en una relación se convierte en un viaje en una montaña rusa de emociones y procesos fisiológicos cerebrales que llegan a cansar. En algunos casos, uno de los integrantes de la pareja suele bajarse de esa travesía que no conduce a ningún sitio emocional ni social.

Este libro no es un tratado de neurociencias, es un acercamiento a la fisiología cerebral del amor y el desamor, tratando de plantear una explicación inmediata ante las diversas expresiones de amor y desamor. Si a partir de esta lectura alguien se interesa por estudiar con mayor precisión lo que sucede en las neuronas durante el amor, ya se cumplió el primer objetivo. El segundo objetivo es tratar de otorgar una explicación a una de las emociones y motivaciones más importantes de nuestra vida a través de la divulgación de la ciencia.

CAPÍTULO 1
Amor al límite

Benjamín ya no sabe qué hacer. Guadalupe, su novia, rompió la televisión otra vez, aventó la computadora por la ventana y no ha dejado de gritar en diez minutos. Él está encerrado en el baño, preso dentro de su propio departamento en una mezcla de enojo y tristeza. Piensa que es el momento de la separación. Desde hace un año Benjamín ama a Guadalupe como a nadie en el mundo. Siempre llora de desesperación cuando ella lo humilla, pero vuelve a abrir la puerta para que ella se disculpe. Es un ciclo repetitivo de generar agresión, violencia y aturdimiento para después recibir varias formas de disculpa y volver a hacer el amor de una forma increíble. Benjamín sabe que este ciclo perverso es cada vez más frecuente y más doloroso.

Guadalupe tiene 22 años, es muy atractiva, competitiva, sagaz y cuida mucho su forma de vestir. Estudió biología en una universidad pública y aunque no se ha titulado tiene uno de los mejores promedios de su generación. Trabaja como vendedora de productos médicos. Benjamín la conoció en la universidad y desde el primer momento en que la observó se enamoró de ella. A través de amigos comunes él intentó poco a poco saber de su vida y un día se decidió: la invitó a salir. Comenzaron a tener relaciones sexuales desde la primera ocasión que estuvieron juntos. Su vida sexual era increíblemente placentera y llena de recursos creativos, por lo cual Benjamín tenía un enorme deseo constante por esa mujer. Conforme conocía mejor a Guadalupe, Benjamín se sentía seguro de que era una mujer diferente a las que había conocido.

A las cinco semanas de haber iniciado la relación, Guadalupe y Benjamín tomaron la decisión de vivir juntos. Ella llevó sus cosas al pequeño departamento, se instaló y se adaptó a las condiciones de las recámaras pequeñas. Aunque todo parecía perfecto, Benjamín en realidad sentía que todo había sido demasiado rápido. Pero el atractivo sexual era tan grande que se había convencido de que valía la pena intentar todo por el amor que sentía por ella.

Guadalupe siempre ha sido de decisiones firmes, su manera de hablar es acelerada y frecuentemente expresa sensaciones de urgencia; todo debe ser inmediato, no puede esperar. Su intolerancia empezó a causar los primeros problemas entre ellos. Cuando Benjamín se atrevía a argumentar sus enojos y desesperaciones, ella empezaba a llorar histéricamente y a decirle que no podía esperar menos de un hombre. Guadalupe lo ofendía, le decía que era muy estúpido para entenderla, que era poca cosa para ella, y aún en el llanto varias veces le dijo: "Déjame, córreme de tu casa." Benjamín se sentía totalmente desarmado y en la gran mayoría de las discusiones él era quien tenía que aceptar la situación. Benjamín gradualmente se fue haciendo cada vez más tolerante, las peleas fueron cada vez más frecuentes, los detonantes cada vez eran menores y los elementos discursivos se hacían cada vez más pequeños.

Poco a poco Benjamín se fue enterando por voz de su propia amada de varios detalles de su vida sexual: ella perdió su virginidad con un primo a los once años por iniciativa de la propia Guadalupe. Ha seducido a la gran mayoría de los profesores en la preparatoria y universidad que le han gustado, a muchos de ellos por el placer de verlos humillados y después negarse ante sus súplicas. Su estrategia de seducción siempre le ha permitido sacar provecho de cada una de las relaciones, ya sea con ventajas económicas, ya sea por un incremento de calificaciones u obteniendo mejores condiciones de trabajo. Ella ha trabajado para dos firmas de productos médicos, en ambas su jefe inmediato y algunos clientes han sido seleccionados para ser amantes en turno y después ser borrados de la lista. Por decisión de la propia Guadalupe, ninguno de ellos podía durar más de un mes a su lado. Por lo tanto, Benjamín representaba en los últimos seis meses una ruptura de esta línea, lo cual por momentos hacía sentir muy bien a Benjamín, pero en otros sentir que la relación no era lo suficientemente madura y que en cualquier momento podría terminarse. El denominador común de los hombres en su vida es que ellos la necesitaban tanto que no era posible mantener esa relación por más tiempo. Al terminar cada una de las relaciones, ella culpaba a sus amantes del fin de la historia; ella no era la culpable sino ellos por su poco interés o por su exceso de atenciones.

Guadalupe era hija de un matrimonio promedio de clase media, tenía un hermano diez años mayor, por lo que por momentos se podía considerar como hija única. Era la hija consentida de su padre; sin embargo, ella no deja de reconocer las actitudes tiránicas y violentas de su padre cuando está en desacuerdo con ella. Desde la adolescencia Guadalupe no soporta estar sola, siempre necesita de amigos o de una pareja para sentirse bien. En la universidad su carácter jovial y arrebatado le ha permitido conocer a la gran mayoría de los compañeros de su generación. Las fiestas organizadas en su casa fueron minando poco a poco la tolerancia de sus padres al grado de disminuirles su ayuda y sus atenciones, fue precisamente en esa época cuando conoció a Benjamín. Fue más por invertir su tiempo que por necesidades económicas que Guadalupe buscó un trabajo. A Benjamín no le alcanzaban las palabras ni el tiempo para comprender toda la complejidad que a veces Guadalupe le explicaba. Ella era un torbellino, iba y venía y por momentos no regresaba a la casa, incluso hubo noches en que él no supo en dónde estaba. A veces estallaba en celos sin llanto, teniendo presentes los antecedentes de su amada, las noches eran un infierno por pensar que podía estar con otro. La gran mayoría de las veces así sucedió, ella regresaba llorando pidiéndole perdón y al mismo tiempo prometiéndole que jamás volvería a suceder eso. Sin embargo, las infidelidades de Guadalupe fueron cada vez más frecuentes, con diferentes hombres, todas ellas aceptadas y puestas en una mesa de discusión en la que Benjamín no hacía más que fingir su enojo, llorar su tristeza y comerse sus propias palabras. No entendía cómo podía amar a una persona que no lo quería y que no le daba respeto. Todas las discusiones también terminaban con un "te prometo, mi amor, que no vuelve a suceder", "voy a cambiar... pero no me dejes Benjamín, por favor, no me dejes".

Benjamín era apenas tres meses mayor que Guadalupe, era un hombre promedio en toda la extensión de la palabra, en la forma de ver la vida y en su físico. No era atractivo pero tampoco pasaba desapercibido para la gran mayoría de las mujeres. Sus padres se habían divorciado cuando él tenía once años. Originario del Estado de México, le costaba mucho trabajo llegar a la universidad, por lo que tuvo que ponerse a trabajar para pagar el alquiler en un modesto departamento a cinco minutos de la Universidad. La relación con las mujeres era bastante complicada para él. Había tenido dos novias, de las cuales solamente la última le dejó la experiencia de saber cómo comportarse con una novia en lo social, pedir permiso y regresar a las horas que socialmente tenían que cumplir en la casa de ella. Apenas había aprendido a ser un novio formal cuando su exnovia decidió ya no estar más con él y lo cortó. Benjamín entendía ya el proceso de enamorarse, el desamor y la ilusión de volverse a relacionar con otra persona. Casi dos años después de esto conoció a Guadalupe. Era un huracán de emociones y contrastes que no podía entender y explicarse totalmente, pero lo fascinaba, lo hacía sentir otra persona, incluso deseaba volver a cada uno de sus ciclos, algo que a veces lo aterrorizaba y a veces le generaba satisfacción.

Guadalupe y Benjamín han tenido dos crisis previas a la de hoy. La primera cuando ella no regresó al departamento por asistir a una fiesta en la cual conoció a un amante de ocasión. Benjamín no lo podía creer, él le había otorgado fidelidad, apoyo y confianza. Ella jugaba por primera vez a decirle: "Si no te parece, entonces ¡déjame!" Al día siguiente, Guadalupe le pidió perdón y le prometió no volver a hacerlo. La segunda crisis sucedió hace tres semanas: Benjamín se atrevió a revisar su teléfono celular y ahí encontró fotografías y videos de algunos encuentros que Guadalupe había tenido con hombres que él no conocía. Benjamín estalló en cólera y celos, también gritó y se violentó.

Al verse descubierta, Guadalupe empezó a llorar, se hincó para preguntarle cómo era posible que él fuera capaz de atreverse a buscar en sus cosas. Fue tal la crisis que Guadalupe rompió el televisor con la taza de café que tenía en las manos. Parecía poseída, tiró el librero, sacó sus documentos más importantes y empezó a hacer una maleta con su ropa. Benjamín la convenció de que ambos deberían calmarse y pensar mejor las cosas. Dos días después, Guadalupe le dijo que definitivamente buscaría ayuda psicológica pero que no la dejara, y por primera vez le dijo que si él era capaz de abandonarla ella se mataría. Benjamín no podía con la idea de que Guadalupe pudiera morir, mucho más por culpa de una decisión que él tomara.

Benjamín se dio cuenta de que Guadalupe no era la persona que él creía. En el paso de los últimos meses ha tomado con mucho dolor toda la situación y cada uno de los eventos de los cuales se ha enterado. Es evidente que se siente incómodo, es claro que a veces él no quiere regresar a casa para no discutir otra vez con ella. Se siente asustado y abrumado; sin embargo, sigue enamorado de su mujer y su magia, que en cualquier momento estalla en enojo y furia. Al llegar a casa, Benjamín escucha de lejos las risas de Guadalupe. Está hablando por teléfono y no se da cuenta de que Benjamín está parado en el marco de la puerta. Está acostada boca abajo hablando —seguramente con un hombre— con palabra de pasión y deseo. Insiste en volverlo a ver y le dice que le enviará nuevas fotos para que él vuelva a sentir pasión por ella. Benjamín es testigo nuevamente de una situación que ya es para él motivo de terminar en forma definitiva. Dejó que Guadalupe terminara la llamada telefónica. En ese momento, le dijo: "Guadalupe, toma tus cosas y vete. Es por demás, nunca vas a cambiar." Guadalupe fue sorprendida pero inmediatamente lo acusó de espiarla y vigilarla, empezó con las groserías y los gritos. Benjamín, sollozando, le dijo: "Esta vez no va a ser como las demás, he decidido que esto tiene que terminar. Por favor entiende, ya no me hagas sufrir más, ya no me humilles."

Guadalupe empezó llorar y después empezó a gritar tan fuerte que los vecinos fueron a preguntarles si estaban bien. Era evidente que existía una violencia desmedida dentro de ese departamento. Guadalupe, sabiendo que la tesis de Benjamín se encontraba en uno de los archivos de su computadora, la tomó con gran fuerza y la estrelló contra la pared hasta cansarse. Le gritaba: "¡Tú no me corres, Benjamín, soy yo la que me voy! Efectivamente, es el momento de separarnos, eres tan poca cosa que así te comportas. No me valoras, no me diste lo que yo necesitaba. Contigo nunca esperé nada... nunca fui nada y no seré nadie. Que te quede muy claro que si estuve contigo fue por lástima. Y si no te dije antes es porque no me convenía."

Hubo un silencio que duró horas, solamente se interrumpió con el ruido de una puerta que alguien cerraba afuera. Benjamín salió del baño para corroborar los daños terribles que había sufrido el departamento: su ropa desgarrada, su calzado pintado, el televisor roto y la computadora desecha. En realidad, eso no era lo que le importaba, en su cabeza daba vueltas cómo era posible que una persona cambiara tanto, que Guadalupe lo hiciera sufrir de tal manera. Benjamín no salió de su departamento durante tres días. El teléfono sonaba casi cada hora, era Guadalupe. Le dejó tantos mensajes que era difícil calcular el tiempo que tomaría escucharlos todos. En algunos ella se disculpaba, en otros lo amenazaba y en otros más hablaba con voz dócil, como si no hubiera pasado nada, y le pedía que le permitiera regresar.

Si algo le quedaba claro era que ese departamento había vuelto a ser tranquilo y tener la certidumbre que nada malo le pasaría a Benjamín. Al cuarto día un cerrajero cambió la llave, al quinto día Benjamín cambió todas las cosas en su recámara, guardó todo lo que le pertenecía a ella en algunas cajas y poco a poco las lágrimas fueron disminuyendo.

Dos semanas después, Guadalupe hacía guardia afuera del trabajo de Benjamín. Lo estaba esperando, los amigos de Benjamín le hicieron patente esta situación. Benjamín sentía tanto dolor que no quería verla ni hablar con ella. Él no salía de la oficina para comer, se escondía y salía por una puerta que pocos empleados conocían y daba a una calle trasera. Las cartas debajo de la puerta del departamento de Benjamín eran más frecuentes, todos los días apareció una nueva nota, la gran mayoría culpándolo de la ruptura, otras con las palabras "perdón" y "llámame".

Un mes después, Benjamín dejó el departamento para mudarse a otro sitio. Era tanta su desesperación y ansiedad que varias veces quiso llamarla y contestar sus mensajes, pero sabía que eso reiniciaría el círculo vicioso. Su fortaleza aumentó cuando decidió ir con un terapeuta profesional, un psicólogo que desde la primera sesión le comentó: "Guadalupe no tiene un adecuado manejo de su personalidad, su enfermedad tiene un nombre denominado: trastorno limítrofe de la personalidad." Los términos no eran muy alejados del entendimiento de Benjamín, sabía del campo de las neurociencias por sus lecturas en el quinto semestre. Entender mejor la situación que vivió le dio la fortaleza para tratar de salir y darse cuenta de la toxicidad de esa relación. Durante tres meses Benjamín recibió todos los días en su oficina cartas, posters y documentos que oscilaban entre el enojo de Guadalupe y la solicitud de una entrevista con él para pedirle perdón. Un día, el parabrisas del auto de Benjamín fue deshecho por evidentes golpes de un instrumento contundente. Al fin, Guadalupe dejó de insistir.

Ha pasado casi un año dese la última vez que Benjamín vio a Guadalupe. Logró titularse, recibió un ascenso en su trabajo y está saliendo con Raquel, una joven un año menor que él. Todo parecía estar mucho mejor, hasta que hoy en su oficina recibió un sobre amarillo con un documento escrito a puño y letra de Guadalupe con una sola frase: "Benjamín, te sigo amando y te estoy observando."

¿Qué sucedió en el cerebro de ambos?

Las características neuroquímicas del cerebro de Guadalupe han sido ampliamente estudiadas: los niveles de neurotransmisores activadores de la corteza cerebral como la serotonina, la adrenalina y la noradrenalina son discretamente más altos comparado con las personas promedio. Esto la motiva a tener una gran actividad neuronal, atención selectiva y una facilidad de arranques de ira. Comúnmente, las personas que padecen trastornos de la personalidad llamado limítrofe o *borderline* se caracterizan por conductas frenéticas para evitar el abandono y frecuentemente viven un proceso de separación imaginario que las hace sufrir en demasía.

La gran mayoría de sus relaciones tanto familiares como de pareja son inestables. Sus relaciones de pareja son muy intensas, alternando entre episodios de idealización y devaluación hacia la misma persona. La percepción de su autoimagen es inestable, a veces se siente hermosa y a veces fea, oscila entre sentirse muy delgada hasta autodefinirse como muy gorda. La impulsividad es una de las características fundamentales de este trastorno de la personalidad, la cual es potencialmente dañina para la persona. Por ejemplo, puede romper fajos de dinero, aventar por la ventana la televisión, romper la computadora o destruir un automóvil en cuestión de minutos. Esta impulsividad también se puede ver en otros rasgos de conducta, por ejemplo, conductas temerarias frecuentes, gastos excesivos, atracones de comida, abuso de sustancias, toma de decisiones inmediatas sin evaluar las consecuencias o sesiones de sexo excesivas.

Los comportamientos son tan intensos que las amenazas o intentos suicidas también son muy frecuentes: el trastorno de personalidad limítrofe está detrás del 8 al 10 % de los suicidas. Es común presenciar la automutilación tanto de su ropa como de su pelo o verlos comerse las uñas. A veces indican que a través del dolor hacen que las personas les pongan más atención. Las personas como Guadalupe presentan una inestabilidad afectiva debido a las fluctuaciones en su estado de ánimo. Por momentos hacen que las personas a su alrededor se sienten incómodas, lo cual inmediatamente puede generar enojo, ansiedad o sensación de vacío que pueden durar desde minutos a horas o un día. Los enojos son tan frecuentes que las personas a su alrededor entienden que es el marcador principal de su estado de ánimo. No controlan su ira, su mal genio y enfado constante, hacen que tengan peleas frecuentes en el trabajo o en la casa. En menos de dos horas, la persona puede estar platicando como si no hubiera sucedido ningún altercado, sentirse jovial, bromista y reducir la sensación de pena ante sus actos, minimizando los problemas generados por su mal carácter.

A pesar de la personalidad fuerte de estos individuos, la imagen que tienen de sí, sus preferencias, objetivos y proyectos son confusos, se alteran rápidamente e inician cosas que no terminan. Tienen una conducta tan agresiva y fuerte que pueden lesionarse, rasguñarse o golpearse de tal manera que las personas que más los quieren terminan por acceder a sus peticiones, por más agudas e ilógicas que estas puedan ser. Son increíblemente dependientes de las personas que más los quieren.

Guadalupe siempre jugaba con la sensación de que iba a ser abandonada, lo cual le causaba ansiedad ante una posible separación. A su vez, esto le generaba vulnerabilidad y al mismo tiempo la necesidad de protección. Momentos después se sentía abatida, para volverse a enojar por aspectos que ya se habían discutido. El cerebro impulsivo de Guadalupe comúnmente sentía que no tenía suficiente afecto y atenciones de Benjamín. Le manifestaba su hostilidad y su aburrimiento. Su vida, llena de fracasos tanto en las relaciones previas como en sus logros académicos, profesionales y económicos, siempre está inmersa en un continuo empezar de nuevo.

Los períodos pasivo-agresivos de este tipo de persona son cada vez más frecuentes, en especial después del tercer año de vivir en pareja. La persona ignora al cónyuge, lo desvaloriza, no lo toma en consideración; pareciera que la persona es invisible. Esto termina cuando el agresor determina que le conviene que la relación nuevamente se conecte. Los principales eventos caóticos se suscitan en la adolescencia y hasta antes de los 25 años. Después, estos comportamientos se presentan solamente cuando la persona se siente demasiado vulnerable. Algunas personas viven este trastorno de la personalidad en el aislamiento y la soledad. No resuelven sus problemas interpersonales, lo cual los hace ser demasiado hostiles y ansiosos. Aunque algunos *borderlines* también pueden llegar a ser sociables, carismáticos y amables, rápidamente pueden ser individuos irritables y ansiosos. Es también muy importante mencionar que estas personas no se involucran en la solución de un problema porque no se sienten parte del problema. Por eso, en las discusiones laborales o de la familia no se sienten con la capacidad resolutoria de los problemas.

El cerebro de Guadalupe es un punto intermedio entre una gran organización neurótica y la generación de procesos psicóticos. Le ha costado mucho trabajo generar una identidad psicológica, sus actitudes presentan una gran ambivalencia. Queriendo tener el cuidado de la gran mayoría de las cosas que desea, rompe comúnmente con imágenes positivas, lo cual produce inestabilidad en sus relaciones interpersonales. Su intolerancia y falta de control de sus impulsos le generan ansiedad muy fácilmente. Las malas experiencias en su aprendizaje la conducen comúnmente a despreciar lo que siente, y en el fondo se encuentra una actitud de castigo constante a sí misma. La gran mayoría de las relaciones carecen de realidad gracias a una actitud infantil aprendida que le ayuda a salir momentáneamente de los problemas. En la gran mayoría de las ocasiones se siente desanimada, miedosa y melancólica. Es muy fácil resumir que este tipo de personas tienen en común el maltrato físico y sexual, abandono y caos familiar durante la infancia.

Benjamín, como la mayoría de las personas enamoradas, atenúa los defectos de la persona amada. En el cerebro profundamente enamorado no hay lógica ni congruencia. Aun sabiendo que un proceso no es el correcto, se minimizan las consecuencias negativas pensando que esto puede cambiar en cualquier momento. Entre más pasión genera el enamoramiento, tiene menos congruencia social: la corteza prefrontal no funciona adecuadamente en un enamorado. Esto es un proceso fisiológico cerebral que nos hace cometer muchos errores cuando estamos enamorados. Los altos niveles de dopamina en el cerebro de Benjamín le quitaron la objetividad, se entregó a la pasión; los altos niveles de endorfina lo hicieron adicto a las proyecciones más emotivas y perversas que encontró en Guadalupe. La generación de oxitocina en el cerebro de Benjamín le hizo construir un apego tan grande que comúnmente los agresores, saboteadores y victimarios pueden llegar a generar placer cuando maltratan a sus víctimas. Los verdugos se satisfacen de la relación y las víctimas aprenden a tener apego a los rasgos patológicos de estas personas.

Benjamín no tenía mucho conocimiento sobre el amor, su historia de enamoramientos y parejas lo hizo muy vulnerable a una persona como Guadalupe. Es común que los primeros enamoramientos sean muy intensos e increíblemente pasionales. El cerebro disfruta tanto estas nuevas sensaciones que intenta siempre repetirlas de alguna manera. Tarde o temprano los niveles de dopamina, noradrenalina y endorfinas empiezan a disminuir (esto depende de la madurez de cada cerebro, la edad y el tipo de relación que se lleva), es cuestión de tiempo, a partir del primer año y no más de cuatro años de haber iniciado una relación de pareja. Poco a poco la víctima se da cuenta de la conducta de su agresor. El apoyo psicológico en el cerebro de la persona menos patológica ayuda cambiar el proceso tóxico de la separación. Un terapeuta profesional siempre va ayudar a una mejor separación. Benjamín entendió que hay personas que nos enseñan el amor, otras más la pasión, y otras más a valorar una separación. Es maravilloso encontrar en diferentes parejas cada uno de estos procesos, pero también es importante entender que tal vez una sola persona sea capaz de enseñarnos todo esto de una manera tan rápida que si no lo sabemos manejar adecuadamente se acompaña de procesos dolorosos que pueden prolongarse por tiempos indefinidos.

CAPÍTULO 2

El amor sin preámbulo, pasiones que enseñan

"¡Es el hombre perfecto! Es alto, guapo, ojos maravillosos. La forma en que habla, cómo se mueve, como me mira... es increíble. Lo amo desde el primer momento en que lo vi." Así describió Laura a Agustín a sus padres, el día que lo conoció. Ellos tuvieron un mal presentimiento, Laura nunca se había expresado así de un hombre. Si bien ellos sabían que Laura tenía un novio, Bernardo, saber que Agustín le llevaba más de 20 años y le generaba tanta admiración era algo que los inquietaba.

Laura era una joven hermosa de 18 años, estudiante de preparatoria, de facciones finas, morena clara, de buenas calificaciones sin llegar a la excelencia. Tenía un gran grupo de amigos y varios pretendientes. Bernardo era su novio desde hace cuatro meses. Su vida era ir a la preparatoria todos los días por las mañanas y acudir al gimnasio por las tardes. Tenía una gran preocupación por su salud física, en un año entraría a la universidad para estudiar psicología. Su plan de vida era muy simple: casarse, vivir en una casa y tener dos hijos al lado de un hombre que amaría por siempre. Después de dos meses de asistir cotidianamente al gimnasio, Laura conoció a Agustín, un hombre maduro, autosuficiente, atractivo y soberbio.

La motivación para ir cada vez más al gimnasio ya no era hacer ejercicio, Laura tenía una nueva incitación para esforzarse: ver a ese hombre que la había cautivado desde el primer momento en que lo vio. Bernardo iba todas las tardes por Laura al gimnasio, sin embargo, ella empezó a sentirse incómoda cuando veía a su novio sentarse para esperarla a la entrada del gimnasio. Agustín llegó a cruzar la mirada y con la sonrisa le hizo saber su interés; ella respondió rápidamente. La ingenuidad de la chica hizo que Agustín se acercara cada vez más, primero preguntándole su nombre y después algunos detalles importantes: dónde vivía (muy cerca), si tenía novio (que ella negó) y a qué se dedicaba (estudiante de una universidad). El modo que él seleccionó para acercarse a ella fue increíblemente seductor: llegó apenas a rozarle la mano y esto generó en Laura emociones que nunca había sentido. Así, durante un mes, el juego de seducción tuvo una recompensa. Agustín besó los labios de Laura, le robó un beso sutilmente. No paraba de decirle que era hermosísima, que cualquier hombre sería feliz a su lado y que era más de lo que cualquier hombre promedio podía esperar.

A partir de ese momento, existía un ambiente excitante al llegar al gimnasio. Laura tomaba actitudes provocativas y Agustín le llevaba regalos todos los días, desde una pluma, chocolates o un peluche hasta una pulsera y un reloj. Laura estaba convencida de que ese hombre era lo que esperaba de la vida. Ese hombre maravilloso le escribía poemas, le decía lo hermosa que era, se lo hacía sentir. Ella no sabía mucho de seducción, sin embargo, su parte femenina empezaba a despertar, sentía un gran deseo por Agustín, quería besarlo, abrazarlo, desnudarlo. Por momentos se sentía avergonzada de sus sentimientos y de sus deseos, sin embargo, al contarle estos hechos a sus amigas más íntimas ellas le aconsejaban dar un paso significativamente importante.

Agustín era casado y, además, tenía una amante en la oficina. Era el jefe corporativo de una de las firmas de productos de papelería más importantes del país. Tenía un auto último modelo, en ocasiones contaba con chofer y de varios elementos que vigilaban su seguridad. Fuera de su ciclo social íntimo era muy difícil acercarse a él. No tenía amigos, aunque sí conocidos. Vestía impecable, su barba era perfectamente bien recortada, sus uñas cuidadas hasta la exageración. Su ropa de marca, su perfume caro y el tono marcado de sus músculos enloquecían a Laura. Llegó el día indicado: Agustín le pidió pasar a la universidad por ella y Laura accedió. Esa tarde fueron a comer a un restaurant lujoso y rieron como nunca. Al despedirse, Agustín le pidió un beso. Ella accedió y le dijo suavemente y con voz baja que quería estar a solas con él.

Al día siguiente empezaron cuatro semanas caracterizadas por la pasión. Para Laura era la primera vez que estaba con un hombre. Agustín se sentía satisfecho del proceso, se sabía conocedor del tema, dueño de la situación. Ella le enviaba fotos íntimas a través de su teléfono celular por petición de él, textos, mensajes y un sinfín de pensamientos en los cuales ella le decía lo importante que era Agustín en su vida. La vida de Laura se había transformado, salía temprano de casa y regresaba muy noche. Dejó de acudir a la universidad y ya no asistió al gimnasio. Sus amigos ya no sabían de ella. Bernardo recibió una carta de

Laura que resumía una serie de problemas inexistentes y una conclusión determinista: ya no me busques, ya no te quiero.

Sin que Laura se diera cuenta, Agustín tenía por momentos manifestaciones de enojo, ya sea porque ella no se ponía la ropa que él quería, porque daba opiniones sin que él se las pidiera o cuando ella le preguntaba si no existía otra mujer en su vida. Después de hacer el amor, Agustín le contaba lo importante que era en la empresa que representaba. Esto le hacía sentir una gran admiración, algo que a Agustín le generaba mucho placer. Ella le decía varias veces "yo quiero ser como tú", a lo que Agustín espetaba: "Jamás lo lograrías, soy sumamente inteligente e importante." En tres ocasiones, Agustín dejó plantada a Laura. Ella lo esperó por más de dos horas, una vez afuera de la universidad y dos en un restaurante. Él jamás se disculpó de este hecho y ella empezó a desconfiar de su amado, ya que no sabía prácticamente nada de él. Laura tenía el número telefónico de Agustín, pero la mayoría de las ocasiones él no contestaba sus llamadas.

A los dos meses del primer beso, Agustín desapareció prácticamente de la vida de Laura. Ella trató de retomar las actividades académicas, pero ya había reprobado dos materias, y algunos de sus amigos se portaban muy serios con ella o se alejaron. Laura se adaptó inmediatamente a esta situación. Durante tres días marcó al teléfono celular de Agustín cada 30 minutos; nunca contestó. Ella confirmó que en realidad no conocía muchas cosas de su amado. Regresó al gimnasio, más por ganas de hacer ejercicio que por encontrarlo. Laura se sentía triste y le confió a su madre lo que había sucedido. Las dos, en llanto, decidieron apoyarse más. Sin embargo, Laura sentía que algo no estaba bien, incluso que Agustín podía estar en peligro o que algo malo le había sucedido.

Por las noches ella lloraba y se preguntaba por qué había aspirado al amor de un hombre maduro. ¿Por qué se había alejado sin decirle algo? ¿Por qué así? Las preguntas se fueron haciendo más dolorosas, lo que paradójicamente le fue dando fortaleza a Laura. Ella recordó que al principio de la relación Agustín le regaló una tarjeta en donde aparecían los datos de la empresa donde él laboraba. El papel indicaba puntualmente la dirección en donde Agustín trabajaba. Ella decidió ir a buscarlo personalmente.

Se vistió muy hermosa, se arregló espectacularmente, decidió enfrentar lo que fuera para saber de alguna manera cuál había sido la causa de que el hombre que amaba se alejara de ella. Al llegar a la empresa se dio cuenta de que era muy difícil acercarse a Agustín, ni siquiera pudo dejar su nombre. Tres secretarias y dos asistentes flanqueaban la oficina principal de la empresa. Decidió esperar en la puerta principal. Casi cinco horas después de estar parada en la acera de enfrente, Agustín salió acompañado de una mujer rubia, madura, alta y atractiva. Él le abrió la puerta del auto y le ayudó a subir en el asiento del copiloto. Laura corrió hacia el auto y le gritó por su nombre, como si fuera un llamado desgarrador.

Agustín la descubrió, avanzó tres pasos y la interceptó para decirle: "Laura, no me busques más, no quiero problemas contigo. Lo nuestro no puede ser, si accedí a estar contigo fue para tratar de ser cortés. Lo nuestro fue espontáneo, no me busques. No te quiero, no representas nada importante en mi vida."

"Pero, mi amor..."

"Tú lo que quieres es perjudicarme, pero no lo vas a lograr. Deja de buscarme, deja de llamarme. No quiero volver a verte, si algún día vuelves a regresar aquí te aseguro que vas a terminar en la cárcel. Soy un hombre muy poderoso y espero que entiendas que no tienes nada que hacer en mi vida", respondió. Rápidamente se subió al auto, lo puso en marcha y salió huyendo del lugar.

Laura se quedó impresionada, no podía creer que ese hombre maravilloso se había convertido en tan poco tiempo en un ser grosero y despiadado. Su cuerpo no le respondía, no podía llorar ni decir una palabra. Nunca le había pasado eso. Sintió vergüenza, se sintió humillada. No recuerda cómo regresó a su casa. Lloró en varias ocasiones por la noche.

En el cerebro de Laura retumbaron varias veces las palabras "¡no te quiero!" Eso es lo que más le estrujaba y lo que más le dolió. Ella se entregó a un hombre por amor, un hombre que ella quería, un hombre que ella amaba. Su amor casi infantil le hizo creer en alguien que no la merecía. Tardó casi seis meses en volver a salir con sus amigos. Su sonrisa y su forma de ver la vida cambiaron. Con la ayuda de un psicoterapeuta, Laura entendió que ella no había tenido la culpa.

Cuatro años después de esa experiencia, Laura está terminando la carrera de psicología. Hoy tiene más herramientas, estrategias y elementos para entender lo que le sucedió y ya no llora por este hecho. Tiene una expectativa de la vida distinta. A sus 22 años reconoce que gran parte de lo que sucedió fue gracias a su inmadurez y su proyección. Se enamoró de un hombre y eso le provocó cometer muchos errores que hoy no volvería hacer. Recientemente empezó a salir con Diego, un compañero de servicio social. Aunque no está muy convencida de la relación, él le proporciona estabilidad emocional y el sentimiento de ser querida.

¿Qué sucedió en el cerebro de ambos?

En el cerebro de Agustín existe un incremento en la actividad neuronal de la corteza prefrontal (proyección de vida, juicios y memorias explícitas), hipocampo (aprendizaje y memoria) y giro del cíngulo (interpretación de las emociones). Este incremento de la actividad cerebral se asocia a un trastorno de la personalidad: un trastorno narcisista. Agustín presenta un incremento en el sentido de autoimportancia, exagera sus logros y capacidades y tiene la necesidad de ser reconocido en todos lados. Tiene una idea fantasiosa del éxito, exige una admiración excesiva y por momentos logra crear amores imaginarios. Cree que es especial y que solamente lo pueden entender personas de alto estatus o de inteligencia superior. Pretencioso y petulante, exige siempre un trato especial y considera que es necesario que se cumplan automáticamente sus expectativas tanto de pareja como sociales. En sus relaciones es un explotador y se aprovecha de sus parejas para alcanzar sus propios objetivos. Carece de empatía y le cuesta trabajo interpretar los sentimientos y necesidades de los demás. También puede ser envidioso, pero, paradójicamente, cree que los demás lo envidian a él. La neuroquímica del cerebro de personas como Agustín tiene como denominador común un incremento en los niveles de testosterona, dopamina, noradrenalina y serotonina, esto las hacen terriblemente competitivas, activas, obsesivas y al mismo tiempo fácilmente manipulables. Estos procesos se inician al terminar la adolescencia, pero son muchísimo más frecuentes al principio de la edad adulta y se dan en diversos contextos.

Agustín se sobrevalora, se siente capaz de lograrlo todo, nunca piensa que sus ideas son irracionales, es arrogante y se siente por encima de las convenciones sociales. Siempre busca su comodidad y bienestar y piensa que tiene derecho a ser servido sin corresponder para ello. Él necesita ser considerado como un ser especial y superior. Este tipo de trastornos de la personalidad se manifiesta en el cuidado de su apariencia física, la ropa, la forma de cuidarse. Constantemente indican un sentido de bienestar y optimismo en su forma de vida. Una de las características fundamentales es que son extraordinariamente amables y encantadores al momento de conocerlos; sin embargo, con el tiempo se vuelven irritables y vulnerables, ya que se sienten siempre heridos, vacíos y tristes por no ser aprobados. Sus padres siempre les inculcaron la idea de que eran perfectos.

Las personas con este trastorno de la personalidad constantemente se proyectan contra los otros como mecanismo de defensa, intentando ocultar sus sentimientos de tristeza. También tienen una característica muy especial: son extremadamente creativos, de gran imaginación para fantasear y se ajustan muy poco a la realidad, por lo que mienten frecuentemente para mantener sus ilusiones. Cuando no consiguen el éxito que creen merecer se refugian en sus fantasías, buscando consuelo en ellas.

La personalidad de un narcisista tiende a repetir en forma persistente, irreflexiva y violenta conductas y actitudes que hacen crónicas sus dificultades. Aunque estén conscientes de las consecuencias de sus acciones hacen muy poco para cambiar. Darse cuenta de la diferencia entre lo que piensan y los resultados que obtienen es el detonador de sentimientos de vulnerabilidad que, no obstante, no están dispuestos a afrontar. Cuando envejecen no se la pasan muy bien: su vida pierde objetividad debido a que no aprendieron a respetar a las demás personas, se van aislando socialmente y esto puede transformarse en un proceso de depresión. El cerebro nuevamente tenderá a generar fantasías, sospechando de los demás y haciéndolos responsables de sus problemas.

A su corta edad, Laura se enamoró de alguien que representaba todas las proyecciones que tenía en la primera etapa de su vida. A ella todavía le falta desarrollar su corteza prefrontal. En las mujeres, la parte del cerebro más inteligente y que tiene todos los filtros sociales, biológicos y psicológicos que hacen tomar las mejores decisiones de vida termina de conectarse hasta los 22 años. Antes de esta edad la gran mayoría de las relaciones están destinadas al fracaso, no por el hecho de ser jóvenes sino porque no se tiene la madurez fisiológica que ayuda a encontrar resultados en forma objetiva y, comúnmente, las decisiones no son bien evaluadas.

Además de esta inmadurez de la corteza prefrontal, el incremento de los niveles de dopamina, endorfinas y oxitocina nos hacen creer que podemos cambiar la personalidad de la persona que amamos. Esto le sucedió a Laura. Ella creía que era capaz de cambiar a ese hombre maduro, ella creía que su amor era lo suficientemente grande para que se quedara con ella. Aunque sus familiares y amigos le informaban la realidad de las cosas, Laura no les creía, y aunque su corteza prefrontal inmadura, emocionada y enamorada no la permitía ver las cosas claras, sabía que también existía la probabilidad de que se estaba equivocando. Pero un cerebro con demasiada dopamina es más fácil de engañarse.

El cerebro aprende más rápido de un error que de un acierto. Cuando el cerebro detecta errores inmediatamente pone más atención para tratar de evitar sentimientos de culpa y vergüenza. Si los niveles de dopamina son altos en ese momento, inmediatamente busca una justificación y se decide valorar el hecho nuevamente, por lo que muchas veces, a pesar de evidencia negativa, un cerebro enamorado o emocionado cree que el resultado no es tan grave. Incluso es capaz de creer que en una segunda oportunidad el resultado será positivo o favorable. A lo largo del enamoramiento los niveles de dopamina van disminuyendo, por lo que las experiencias negativas van enseñando más o al menos son más evidentes y generan un mejor aprendizaje.

Frecuentemente escuchamos que enamorarnos es una de las mejores experiencias de la vida. La gran mayoría de los seres humanos considera que el amor es necesario y que es un estado que deberíamos mantener siempre. El enamoramiento es un proceso transitorio que suele culminar en historias tristes y procesos dolorosos, pero nos enseña a ser mejores personas; terminar una relación de una manera abrupta y dolorosa puede generar un gran aprendizaje para el cerebro.

Es común que pensemos que una persona debe quedarse a nuestro lado por el simple hecho de decirnos "te amo"; sin embargo, 80% de nuestras relaciones van a terminarse en menos de cinco años. Es decir, por probabilidad, la gran mayoría de nuestros noviazgos van a culminar en algún momento y la mayoría de las personas que nos brindan su amistad van a salirse de nuestra cotidianidad en menos de cinco años. Nadie nos dijo que una expareja nos enseña más cuando se aleja que cuando está junto a nosotros, ya que cuando tenemos una pareja a nuestro lado podemos entenderla, estar de acuerdo o en desacuerdo con ella y lograr edificar objetivos en común. Nos va a doler la ausencia de una expareja en forma proporcional a la manera en que nos enseñó a quererla, su ausencia nos va hacer valorar lo que somos sin ella. Si logramos resolver adecuadamente la separación obtendremos uno de los regalos más maravillosos que nos puede dar el amor: la capacidad de razonamiento y asertividad que nos permite resolver los problemas.

Laura debería estar más tranquila ahora, ya que aprendió con dolor y a través de la experiencia a no amar a otra persona más que a ella. La agonía de un amor no correspondido puede ser absurdamente doloroso. Nunca se debe otorgar más de lo que nuestra dignidad sugiere. Es cierto que el desamor es una carga cruel por momentos, que nos encasilla en una agonía de dopamina, que en realidad es un cerebro ávido de atención. Si algo puede dejar tranquila a Laura es que Agustín no va a ser feliz con nadie, y si un día quiere cambiar será necesario atenderse con profesionales de la salud.

CAPÍTULO 3

Ahora que ya no estás

Para mi hija Rosario:

Te amamanté durante nueve meses con todo mi amor, fuiste prematura. Desde tu primera mirada, tus primeras palabras y tus primeros besos sabía que eras un regalo para mi vida. Fuiste producto de un amor tan grande entre tu padre y yo, siempre tan querida, siempre tan deseada. Tu piel blanca, tu pelo negro, tu sonrisa increíble que cambiaba mi mundo. Yo no sabía que sería tu madre, pero te juro que me enseñaste tanto a vivir que hoy aún no sale de mi pecho todo el dolor de saber que no te volveré a ver.

Eras incansable, corrías por todos lados, solías perderte y salías de tu escondite para encontrarnos, tratando de asustarnos. Siempre festejaba tus travesuras con una risa infantil. La casa se iluminaba por tu presencia. Tu rendimiento escolar siempre fue el óptimo, siempre recibimos felicitaciones de tus profesores que hasta la universidad te quisieron tanto. Solías no darte por vencida, aun cuando te negaron la beca y el reconocimiento al terminar tu posgrado. Sabías que tenías que ir en contra de lo que la mayoría de la gente te dijera, de manera que tu vida fue una instrucción para todos los que te queríamos. Tu principal enseñanza fue que es posible luchar hasta el final, nos quitaste los argumentos para quejarnos ante las adversidades de la vida.

Siempre quisiste ser doctora. Desde pequeña jugabas a cuidar a tus muñecas, después a tu hermano y primos. Cuando llegaste a ser médica varias veces nos regresaste la salud a mí y a tu padre. Cuando ingresaste a la carrera para estudiar medicina veía el enorme compromiso que tenías con tus estudios, trabajabas hasta altas horas de la noche, asistías a cada una de tus guardias y te responsabilizabas por el tratamiento médico de cada persona que veía en ti a un ángel guardián.

Ahí conociste a Manuel, desde el primer año de la carrera. Debo confesar que al principio no me gustaba ese muchacho para ti, ya que nunca habías tenido novio. Tú, una chica tan formal y él, un muchacho tan seco, estrafalario y poco emotivo. Tu amistad con Manuel fue creciendo hasta que iniciaste un noviazgo con él. Me acuerdo que me negué varias veces a esta relación y tú solías calmarme con un beso y con la promesa de que nunca me arrepentiría de apoyarte. Llevaban el noviazgo con tanta frialdad, con pocos besos y tú siempre deseando que te regalara flores. Manuel solía abrazarte y decirte que la gran mayoría de los hombres a esta edad no saben valorar a las muchachas. Tú me abrazabas y me decías: "Gracias, Mamá, a veces no sé qué esperar de un novio como Manuel."

El reconocimiento de tus compañeros, de tus profesores y de Manuel fue creciendo cada vez más. Tanto así que te nombraron representante de la generación de los estudiantes de la Facultad de Medicina. Hija, tu vida era un sueño, era increíble cómo repartías amor y cómo tenías con creces el afecto de cada una de las personas que tocaba tu vida.

Te veía crecer tanto en lo académico y en lo social que no me di cuenta cómo te enfermaste. No me di cuenta cuando iniciaste a ponerte pálida, a sentirte débil. Empezaste a bajar de peso, se te empezó a caer el pelo. Aun así, terminaste la carrera de médico para entrar al posgrado. Tu relación con Manuel en ese momento era más estable y fuerte. Recuerdo que Manuel se acercó a mí para decirme cómo tú lo habías cambiado, lo habías hecho responsable, lo habías hecho confiar en la vida, lo habías hecho ser mejor médico y lo habías ayudado a ser un mejor hombre. Manuel te amaba tanto; sin embargo, su conducta fría no le permitía regalarte una flor. Aun así, tú eras feliz.

La vida está llena de paradojas, tú siendo médico no te diste cuenta de cómo había iniciado esa enfermedad en tu sangre. Comenzó de una manera que no sospechamos de la gravedad, tuviste fiebre, aparecieron moretones en tus brazos y piernas, te fuiste poniendo demasiado débil hasta llegar a un cansancio inexplicable, perdiste mucho peso y se te fue yendo el hambre. Yo te pedí varias veces que no fueras al hospital, pero tú insististe en la necesidad de seguir ayudando a tus pacientes. Cuando se enferman, la gran mayoría de los médicos no creen que su problema sea delicado, incluso lo minimizan. También los héroes enferman, hija.

Era una tarde de marzo cuando me llamaron para decirme que te habías desmayado en las escaleras del hospital y te habían internado. Te fuimos a ver, tu familia estaba afuera con una gran interrogante: ¿Qué te había sucedido? Tus maestros, que se convirtieron en tus médicos en los siguientes meses, empezaron a estudiar la fisiología de tu cuerpo para llegar a una terrible conclusión: nos enfrentábamos a una leucemia.

Prácticamente te consumiste en dos meses, te fuiste haciendo pequeña, te fuiste quedando dormida más tiempo, tus fuerzas fueron disminuyendo. Los medicamentos eran demasiado tóxicos para tu cuerpo, el trasplante de médula no fue bien recibido por tus células. Vomitabas, llorabas, tenías dolor. La presencia de Manuel por momentos cambiaba tu tristeza. Sin embargo, nunca pensé que, en tan poco tiempo, a tus 30 años, llegaría el desenlace final. No nos dieron oportunidad de seguirte queriendo, te vi sufrir tanto que me dolía en el alma. Todos los días me despertaba tratando de cambiar mi actitud, me decías que lograrías vencer a ese cáncer de la sangre, como lo habías hecho ante tantas adversidades previas.

Manuel habló con tu papá y conmigo, nos comentó que se quería casar contigo. Tú habías visto una casa por internet y le habías dicho que era la casa de tus sueños. Manuel hizo gestiones y compró la casa, no le importó que estuvieras enferma; él quería llevarte a tu casa, casada, para cuidarte. Un mes después, una mañana de mayo, te fuiste quedando dormida y no despertaste. Tus compañeros médicos y tus maestros lloraban, se abrazaban y me decían palabras que ya no entendía. Mi linda niña ya no leería los poemas de sor Juana, no me citarías más a tu filósofo preferido cuyas frases enmarcaban tu vida: ama y haz lo que quieras, el amor no pasará jamás. Nuevamente nos enseñaste, hija mía, que tu vida fue una búsqueda de la verdad, y viviste con tanta pasión que vivirás siempre en mi corazón. Ha sido un privilegio que seas mi hija, no sé en dónde estés en este momento, pero siempre estarás en mi vida. Siempre serás la bendición más grande que he tenido.

Me preguntaba de tus proyectos, de tus sueños de mujer, de tu deseo de formar una familia, me comentabas de tus alumnos... para mí hubiera sido la mayor dicha tener entre mis brazos un hijito tuyo. ¿Por qué había sucedido esto? Yo debí haberme ido primero. Te encantaba la música, te aprendiste tantas canciones para complacerme, cuánta falta me hace oírte cantar otra vez. Salíamos plenas de felicidad de los conciertos, de las conferencias que organizabas con tus maestros. Cuánta falta me haces ahora.

Nuestra familia y nuestros amigos nos sostienen, los grandes maestros como tú, hijita, no mueren, simplemente dejan su existencia terrenal. Tu luz brillará para siempre. Lo que se mueve por sí mismo es inmortal. Siempre tan amable y amistosa, gran guía de hombres y mujeres, orientadora de conciencia hasta el último de tus alientos.

Tengo la fuerza de tu voz y la pregunta lacerante para tratar de comprender tu ausencia. Conquistaste tus aspiraciones, me enseñaste que cuando un resultado vale la pena justifica plenamente todos los intentos para conseguirlo; la sinceridad con que buscabas lo verdadero era suficiente para justificar tu existencia en el mundo. Hoy te llora mi tristeza, pero espero que mañana entienda y me tranquilice, porque siempre te recordaré con entusiasmo y alegría.

Te quiere, por siempre,
Mamá

Hace seis mayos sucedió la partida de Rosario, una querida colega a quien conocí y se acercó a mí para invitarme a dar una conferencia. Esta carta fue escrita por Sara, madre de Rosario, titulada "548 días sin ti", de una manera muy particular y sentida para tratar de despedirse de ella. Nunca me imaginé que su mamá se entrevistaría conmigo para compartirme esta carta. Ella me recordó cómo conocí a Rosario y de su dolor por su ausencia. Hace seis años que Sara sigue recordando a su hija sin encontrar consuelo. Sara fue perdiendo poco a poco y al mismo tiempo de una manera muy rápida a su hija, con la esperanza de una cura, con la impotencia de las malas noticias y el anhelo de que un día le dijeran que Rosario podría curarse. Aún no encuentra una explicación que la tranquilice. El tiempo ha pasado, pero Rosario sigue presente en la vida de su madre. Sara todavía ve a su hija en aquellos lugares en los que estuvo Rosario, en las jóvenes con parecido a su hija, en las niñas que le recuerdan a su infancia, en las médicas con bata blanca que se encuentran en los hospitales. Sara busca rastros del amor de Rosario en cada lugar en que sus neuronas reconocen su sonrisa y la esencia de su hija.

Actualmente, Manuel visita cada dos meses la tumba de Rosario, de su amada novia a la que quiso, amó y esperaba desposar. Ante la frialdad del cementerio, él le habla en un lenguaje que sólo él entiende. A veces una lágrima sale de sus ojos, a veces una sonrisa, a veces otra promesa; lo que es seguro es que ese joven médico siempre lleva flores, un ramo de rosas se quedan como recuerdo y presencia de Manuel, como la cristalización de dolor y tristeza de no haberlas otorgado cuando Rosario vivía.

¿Qué sucedió en el cerebro de Rosario, Sara y Manuel?

Cuando una enfermedad es larga y se va perdiendo la batalla la reacción más natural ante el duelo es la tristeza y el enojo. Los pensamientos giran en torno al fallecimiento y el tiempo inmediato que se ha compartido. Los recuerdos son muy intensos, como las experiencias, las fiestas, los acontecimientos cotidianos y los gustos particulares. Algunas peculiaridades son recordadas con añoranza, melancolía y la sensación de una separación irreversible. Se presenta la sensación de que podíamos haber hecho más por aquella persona, o al menos la sensación de que fallamos en la medida que queremos a alguien que se va de nuestra vida. El hipocampo es el sitio de mayor actividad en el cerebro, ya que las memorias a corto y largo plazo se juntan, perdiéndose los límites del tiempo. La corteza prefrontal nos hace racionales y al mismo tiempo proyecta la necesidad de seguir conservando el contacto físico con esa persona que se ha ido. Hay una mezcla de lo real con lo ficticio, sin embargo, siempre metido en el orden de la objetividad del amor y recuerdo de esa persona.

Se presentan varios períodos de dolor intenso, alternados con períodos de certidumbre y resignación. El futuro parece sombrío y es muy difícil sentir una mejoría en el estado de ánimo. El amor que sentimos por esa persona, el grado de intimidad, el apego de todos los días y la vinculación con la persona son por momentos inamovibles e intocables. Cuando la muerte es de un hijo, el dolor moral es incomparable y tarda más tiempo en sobrellevar; los padres pueden perder las ganas de vivir y suele pasar mucho tiempo para que la vida retorne a algo cercano a lo normal. Los padres sienten mucha culpabilidad por la muerte, la angustia frecuente puede llevarlos a la enajenación y a sentir que pudieron haber hecho algo más por la vida de su hijo. La tristeza se esconde atrás del enojo, y frecuentemente intentan culpar a los médicos, la familia o la pareja. Esta cólera es resultado de no comprender la verdadera causa de la muerte de la persona.

Es común que en los primeros meses el cerebro del doliente no pueda concentrarse y conciliar el sueño. Esta es una estrategia del cerebro para tratar de disminuir el detonante del dolor moral: el cerebro libera endorfinas para modificar el dolor, lo cual disminuye la vulnerabilidad y puede generar placer. Después de un duelo, la reacción inmediata es la negación. Esta es una de las principales interiorizaciones ante la ausencia; al no aceptar la realidad, el sistema límbico (el centro procesador de las emociones en el cerebro) está generando una conducta que trata de recuperar a la persona. Este proceso avanza por la angustia, ansiedad, recriminación y la vulnerabilidad de la ausencia que puede durar hasta años. Sin embargo, en el campo de la salud mental un duelo que dura más de un año puede considerarse como patológico. Los duelos no siguen todas las sucesiones ni cumplen todas las etapas. Aunque alguien crea que se ha recuperado y que ha pasado lo peor, fechas importantes como el aniversario de bodas, el cumpleaños o una fecha fundamental en la vida del fallecido pueden detonar nuevamente la ansiedad y tristeza, incluso puede llegar a ser mucho mayor que los primeros días de la pérdida.

Este duelo no es una enfermedad, aunque puede predisponer a muchas. El luto puede facilitar la aparición de infecciones, el incremento de enfermedades crónicas degenerativas o la sensación de que no vale la pena luchar por el control de alguna enfermedad que ya se conocía previamente. La mortalidad de los padres ante la pérdida de su hijo se incrementa aproximadamente 30 a 40% en un periodo de seis meses, lo cual hace de gran importancia la atención profesional para los parientes. Los niveles de oxitocina de estos individuos caen dramáticamente, y el apego hacia la persona sin retroalimentación genera una sensación de vulnerabilidad y dolor.

En todas las culturas, el proceso social apoya positivamente esta situación; la cercanía de la familia y los amigos hacen que los niveles de dopamina y oxitocina se incrementen. Permanecer callado es indicador de un duelo reprimido y no superado. Esto prolonga más el dolor moral. Diversas evidencias indican que una persona que manifiesta sus sentimientos a sus familiares, amigos, terapeutas o alguien quien lo puede escuchar limita su congoja más rápido. Confrontar el abandono ayuda a sentir que es posible salir de él. Hablar de la pérdida con diferentes personas anima a sentir la capacidad de que es posible solventarla. Llorar esta situación ayuda a limitar el dolor. A diferencia de lo que se podría decir hace diez años en el campo de la psicología, actualmente sabemos que cuando lloramos se limita el dolor moral en el cerebro. Llorar nos permite sanar y recuperar más rápido la cotidianidad.

La mayoría de los afligidos por un duelo pueden ayudarse sin necesidad de un profesional de la salud mental. Sin embargo, es necesario entender que si aparece la depresión es bueno tomar medidas psicológicas de prevención y de tratamiento. Cuando la pena se comparte con varias personas que han padecido el mismo dolor el cerebro se siente más aceptado, por eso los grupos de autoayuda son una de las mejores opciones. Es ahí cuando muchas personas obtienen la explicación que pide su cerebro. Si bien el acompañamiento grupal no es útil para todas las personas, cuando nos sentimos comprendidos es común que cambie la neuroquímica cerebral. Sentimos apego y se aligera más rápido la pena.

Cada uno de nosotros puede formar apegos con cada persona. La comunicación, la necesidad, la identificación y sensación de pertenencia son la base de toda relación humana y son la raíz de la sensación de vacío y dolor cuando nos falta la persona. Si la relación es estrecha con el fallecido, las circunstancias de la muerte se convierten en un marco fundamental para llevar el luto. Si la pérdida fue sin previo aviso, las emociones se convierten en un factor negativo; si la muerte fue por una enfermedad, el cerebro se siente impotente por no hacer mucho en contra del deterioro de la persona que queremos. Cada uno de estos puntos interviene directamente en el tiempo de recuperación. Si uno de ellos queda suelto o no se resuelve, el luto se convierte en duelo patológico. La magnitud del duelo que tenemos ante la muerte de alguien es directamente proporcional a la amistad, cariño o amor que sentíamos por esa persona. No hay medidas exactas, ni determinismos específicos.

Cuando una pareja sabe que el amor está por terminarse como consecuencia de una enfermedad crónica, en el marco de una buena relación, la pareja sana modifica sus actitudes, generando una tolerancia. Los niveles de oxitocina se incrementan y los cuidados se hacen intensos, incrementando el apego por la persona enferma. Esto es uno de los principales sustratos duros biológicos que explican un duelo patológico, ya que cuando la persona amada muere el apego continúa por tiempos prolongados. La oxitocina es responsable de calmar el dolor ante la ausencia. En verdad, nunca vamos olvidar a la persona amada, alentar mucho el recuerdo y la costumbre se lo debemos a la oxitocina, hormona que está directamente relacionada de forma positiva con la dopamina y la endorfina, neuroquímicos que procesan sensaciones de bienestar, emoción y placer. Varios estudios de cerebros de personas con un gran dolor moral por la ausencia de alguien demuestran que tan sólo ver una fotografía de la persona fallecida o ausente hace que incrementen los niveles de oxitocina y dopamina, y el efecto a corto plazo es de tranquilidad.

Cuando la muerte de la persona amada sucede durante una separación o hay antecedentes de una pelea, la sensación de culpa y arrepentimiento se incrementa en los padres, los cónyuges o hermanos. En un marco de una buena salud mental, la gran mayoría de las personas tratan de cambiar positivamente sus actitudes negativas, procurando realizar los deseos, cumplir las promesas o disminuir las conductas negativas. Los símbolos adquieren un lugar predominante en la convivencia de la pareja y las promesas se convierten en el motor de motivación. La experiencia le recuerda al cerebro que la gran mayoría de los seres humanos tenemos miedo a morir, y este temor se hace muchísimo más fuerte cuando sentimos que no hemos cumplido con la gran mayoría de nuestros objetivos en la vida.

Somos la única especie que sabe de la trascendencia de nuestra vida y que algún día vamos a morir. La confrontación ante la muerte de una persona amada elimina la objetividad de la preparación para la separación. Desarrollamos estrategias que incrementan la autoestima y otorgan un sentido a lo que está alrededor de nuestra vida. Por otro lado, saber que vamos a morir repercute directamente sobre nuestra capacidad crítica, la toma de nuestras decisiones, incluso sobre nuestros gustos. La experiencia de la muerte también está relacionada con cómo entendemos el fracaso, nuestras preocupaciones y cómo resolvemos las situaciones que angustian nuestra vida. Saber que vamos a morir puede generar una sensación de lucha intensa en contra de la adversidad o generar vulnerabilidad ante cualquier evento que nos marque infortunios o peligro. El cerebro humano se esfuerza constantemente para demostrar la objetividad de su vida y las razones para ser feliz. Un cerebro con autoestima maneja mejor la noticia de que va a morir. Percibirnos como parte de algo mayor o sentirnos dentro de un objetivo que a través de nosotros explica su importancia nos proporciona una sensación simbólica de inmortalidad.

El cerebro que no reprime sus pensamientos sobre la muerte puede otorgar más fácilmente un adiós. Llorar con la persona a la que en breve vamos a tener ausente ayuda a ambos a despedirse de mejor forma; llorar nos hace humanos, llorar disminuye el estrés y nos otorga mejores herramientas neurobiológicas para soportar el dolor. La gran mayoría de los seres humanos evita hablar de la muerte: por ejemplo, después de los 70 años 50% de los seres humanos excluye el tema de su muerte como conversación. Cuando llega, la fe disminuye la sensación de dolor. Reflexionar sobre el hecho que la vida tiene una parte final y otorgarle conciencia a la muerte disminuye la angustia.

El cerebro que sabe que un día terminará su vida tiene mejores condiciones para valorar lo que le ofrece el mundo. Al enfrentarse a la muerte de la persona amada, una persona que no otorga su mejor versión frecuentemente se comporta como le habría gustado a la persona ausente, de forma irreflexiva y para mitigar su sentimiento de culpa; invierte económicamente para demostrar socialmente su arrepentimiento y su dolor o procura hablar de mejor forma del fallecido. Esta es la terrible verdad oculta detrás de, por ejemplo, regalar flores a un muerto o llevárselas simbólicamente. Esto se relaciona más como un evento egoísta y no un proceso solidario, ya que al otorgar un regalo en estas condiciones, el cerebro genera placer y disminuye la culpa. La corteza prefrontal otorga explicaciones diversas para tratar de mitigar la incertidumbre. Por esta razón, las personas con mayor madurez pueden adaptarse mejor ante la pérdida de un ser querido. Notablemente, los recuerdos son más fuertes en las semanas y meses después del fallecimiento de la persona, se mezclan los tiempos, se va perdiendo la objetividad y nos atrapan ideas irreflexivas si no hay una adecuada comunicación social o si no tenemos retroalimentación.

La depresión es una de las consecuencias más importantes ante la reacción de la muerte como el caso de Rosario. Las mujeres son más propensas que los varones a las depresiones. El cerebro tiene la necesidad de comunicar a otros sus sentimientos; lo que busca es tratar de disminuir el dolor sufrido por la pérdida. Algunos se apoyan en el trabajo y actividades cotidianas para tratar de amortiguar la pérdida a través de la distracción. En la medida que esa estrategia se fortalezca, no se seguirá al extremo patológico y el sufrimiento disminuirá gradualmente. Sin embargo, no hay que rechazar la ayuda.

CAPÍTULO 4

Amar y entender un cerebro obsesivo compulsivo

Ignacio dice ser muy feliz con Ana, su esposa. Llevan cinco años de matrimonio y tienen un hijo llamado igual que su papá. Es un exitoso comerciante de ropa que ha hecho su pequeña fortuna a través de su trabajo y con la ayuda de su esposa. Ignacio es un hombre de 40 años, moreno, de pelo lacio, robusto. Desde hace dos meses empezó utilizar gafas. Recientemente compró una casa con comodidades. Tiene un auto deportivo de modelo reciente que utiliza para moverse en la ciudad. Apenas terminó la preparatoria, pero su capacidad organizacional y creativa es mayor a la del promedio de la población. Conoció a Ana a través de un proveedor de su negocio, era hija de uno de sus principales vendedores de materia prima. Ana es siete años menor que Ignacio, morena clara, facciones gruesas, de personalidad fuerte, amable y muy cariñosa con su marido; una de sus principales características es su tolerancia y madurez. De principio no estuvo muy de acuerdo en iniciar una relación con Ignacio, quien tardó casi un año desde que se conocieron en invitarla a comer.

Ignacio ha sido siempre muy persistente, Ana siempre ha sido meticulosa. Su noviazgo duró apenas dos años, luego él le pidió que se casaran, pero antes de esto compró un departamento que inmediatamente puso a nombre de Ana. Durante su noviazgo nunca faltaron las atenciones y mimos. Ambas familias se conocieron y pronto estuvieron de acuerdo con su relación. La boda fue una recepción fastuosa en uno de los mejores lugares de la ciudad. Todo parecía ir bien hasta que Ana empezó a detectar algunas cosas que su marido hacía y que le llamaban poderosamente la atención. Al principio se divertía viendo algunos detalles de su personalidad, una serie de rituales estériles que llegaban a la discapacidad que empezaba a perturbar la vida de Ignacio. Gradualmente sus conductas empezaron a ser cada vez más fuertes hasta que por días lo atrapaban y no le permitían salir a la calle. Fue cuando Ana tuvo un mal presentimiento de que lo que presenciaba era algo serio.

Casi al tercer año de casados, Ignacio tenía con frecuencia sensaciones de cansancio y no sentía placer en su trabajo. Percibía que el tiempo pasaba lentamente y en consecuencia sentía que su agilidad mental disminuía conforme avanzaban las semanas y los meses. Para Ana, el orden que Ignacio tenía en su vida era uno de los grandes detalles que le había llamado la atención. Sin embargo, poco a poco se dio cuenta de que había una rigidez en la forma que llevaba el orden de su escritorio, la puntualidad, lo forma increíblemente meticulosa que realizaba su trabajo, lo limpio que siempre llevaba su ropa, los detalles en la forma de escribir y dar órdenes. Ana se dio cuenta de que los libreros de Ignacio estaban organizados de acuerdo a colores y tamaño, su ropa estaba perfectamente organizada en su guardarropa, el orden de los libros fiscales y pagos de impuestos eran impecables, así como el control de las fechas y los gastos (ingresos y egresos).

Algunas veces se presentaba dubitativo y tomar una decisión era un proceso que le podía llevar días. Romper un protocolo social o familiar era motivo de discusiones muy fuertes con él. Ana se dio cuenta de que Ignacio tenía mucho miedo a equivocarse en las decisiones que tomaba respecto al negocio, tanto así que pedía muchas veces la misma opinión a diferentes personas hasta obtener un consenso, y la opinión más frecuente era la que él tomaba como decisión final. Ignacio se sentía muy feliz cuando sentía que todo estaba bajo control. Lo más importante del negocio eran los detalles y las normas.

Su actitud a veces era perfeccionista, incluso ese ha sido uno de los principales problemas entre Ana e Ignacio, ya que él le reclama el orden con que empaca sus maletas o el cuidado y pulcritud de su hijo. Una de las descripciones más importantes es que Ignacio es muy estricto. Su dedicación al trabajo es excesiva, no tiene pasatiempos y divertirse yendo al cine o de vacaciones es para él perder tiempo y dinero. Ignacio es extremadamente terco, escrupuloso y por momentos irreflexivo, en especial cuando se trata de la educación de su hijo. Utiliza uno de los cuartos de la casa como bodega para guardar una gran cantidad de cosas que a la vista de Ana son basura: periódicos, revistas y colecciones de fotografías de luchadores. Tiene guardados los libros fiscales desde la década de los 80 del siglo pasado, siempre considerando que para algo pueden servir.

Ignacio no puede delegar la responsabilidad a las demás personas ya que nadie entiende como él las necesidades y la proyección del trabajo. Cuando se trata de gastar para algunas cosas de la casa, Ignacio se convierte en un avaro e indica que no se necesita lo que se está comprando. Lo que sí es claro es que año con año la cuenta bancaria de ahorros aumenta dos dígitos.

Llama la atención que un comerciante tan productivo solamente tenga dos pantalones, un par de zapatos y tres camisas. Ana refiere con gran desesperación que este mismo patrón lo pretende continuar con ella y con su hijo, algo a lo que no está dispuesta y ha generado también discusiones de por qué no se puede gastar un poco más en algunas necesidades de la casa, especialmente en la ropa y los alimentos. Fue cuando Ana decidió tomar una decisión: o tomaban terapia juntos o lo abandonaba.

Durante los últimos meses, Ana ha percibido que su esposo repite constantemente algunos eventos que parecerían chuscos o sin importancia. Por ejemplo, puede regresar a la casa de tres a cinco ocasiones para corroborar que cerró la llave del agua o para verificar que la puerta del coche está perfectamente cerrada, y hace que las personas de su confianza le revisen la contabilidad hasta tres veces antes de ejecutar una inversión. En las noches le cuesta mucho trabajo conciliar el sueño, aunque ya está cansado, tiene la obsesión de identificar y analizar algunos detalles a los que va a regresar al día siguiente. Cuando detecta que algo no ha salido bien, suele echarse la culpa y se siente responsable de lo malo que está sucediendo en la casa o en el negocio, aun cuando le explican que no tiene nada que ver.

La vida sexual entre Ana e Ignacio ha venido cada vez a menos, sin embargo, Ana refiere que cuando hacen el amor es un estupendo amante. Cuando ve un partido de fútbol también demuestra señales de que tienen problemas en casa, ya que se vuelve loco. Ana lo define como impulsivo, ansioso y violento cuando su equipo pierde ("ya rompió dos televisores, ya le dije que si rompe otro me voy de la casa"). Cuando salen, en aras de no aburrirse va contando los pasos que da en la calle, el número de autos rojos o personas que llevan cierto tipo de vestimenta, por ejemplo, un suéter negro. Si se equivoca o cree perder la cuenta se enoja. Estas cosas, que parecieran no ser importantes para otros, para Ignacio son tan fundamentales que muchas veces se ha regresado desde el inicio de su conteo para sentirse satisfecho. Finalmente, Ana dice que antes de dormir le da tres vueltas a la cama. Si no lo hace, es capaz de levantarse en la madrugada a realizarlo de una manera ansiosa para después volverse a meter a las cobijas y quedarse dormido.

Para Ana, las conductas de su marido han sido motivo de peleas cada vez más hirientes: las rutinas, las compulsiones, los enojos y la avaricia de su esposo la están llevando a un deseo inminente de abandonarlo. Ignacio, a regañadientes, preocupado, aceptó visitar a un psiquiatra que, después de un interrogatorio y una batería de estudios, detectó que Ignacio tenía un trastorno obsesivo compulsivo (TOC).

Después de seis semanas de tratamiento farmacológico, Ignacio refiere sentirse excelente y acepta que su calidad de vida mejoró; disfruta más la vida y se siente satisfecho al estar con su familia. En su última sesión con el psicólogo y el psiquiatra se atrevió a confesar que tal vez su padre tenía esta misma enfermedad: él se lavaba las manos más de 30 veces al día y obligaba a su mamá a lavar varias veces los trapos, los platos y el baño. Incluso piensa que si hubiera recibido tratamiento, tal vez ella no los habría abandonado. El abuelo Ignacio había cuidado y supervisado la formación académica y la alimentación de sus hijos con tanta rigidez y pulcritud que había hecho que sus hijos salieran del hogar a edades muy tempranas. La abuela no soportó su maltrato y rutinas estériles.

Con un poco de miedo y observación, Ana e Ignacio se dieron cuenta de que su pequeño hijo también empezaba a ser extremadamente meticuloso en el orden de sus cosas y repetía varias veces el lavado de sus manos cuando iba al baño, al grado de generar una gran irritación en sus pequeños dedos. Sí, ahí estaban nuevamente los síntomas de la enfermedad que tenían el abuelo y su papá, un miedo increíble a que microorganismos lo atraparan y le hicieran un gran daño. El pequeño Ignacio confesó que esto poco a poco lo había aislado de sus compañeros, quienes lo consideraban raro, y por momentos se sentía muy solo.

Ignacio tuvo mucha suerte al ser diagnosticado a tiempo y tratado farmacológicamente de una forma precisa, así como de haberse dado cuenta de la herencia en su pequeño hijo y de lo que había sucedido con su padre. También ahora identifica cuál fue el factor principal por el cual los abandonó su madre. Sin embargo, lo mejor que tiene Ignacio es la tolerancia y el amor de su esposa, que se quedó a su lado durante los problemas que la enfermedad había causado en su matrimonio. Ana pudo identificar las características del trastorno de su esposo y le ayudó al médico especialista a formar una lista lo suficientemente congruente para hacer el diagnóstico. De otra manera, tal vez Ignacio seguiría pensando: "Yo soy así, y si me quieren... que así me acepten." Ana demostró una gran tolerancia hacia su esposo basada en el amor y su hermoso carácter.

La gran mayoría de las personas con trastorno obsesivo compulsivo no tienen un final feliz en el trabajo ni en la escuela, mucho menos con la pareja. A veces sufren y hacen sufrir a las personas que están a su alrededor sin saberlo. Una persona que muestra un amor real y maduro puede ayudar a la recuperación de su pareja y a la funcionalidad de su familia cuando se enfrentan con un trastorno de personalidad como el TOC.

¿Qué sucedió en el cerebro de Ignacio?

El cerebro de Ignacio prácticamente no tenía paz, estaba dentro de una tensión y fastidio constantes. En algunas ocasiones era agresivo, pero en otras podía pasar como un individuo carente de sensaciones y afectividad. Por momentos, las personas con este trastorno creen que algo no funciona y se sienten sumamente culpables. Esta circunstancia puede ser estable, pero en algunas ocasiones genera crisis. Es evidente que sí se dan cuenta, pero no siempre detectan la magnitud del problema. Para algunas personas, comprobar varias veces el mismo resultado demuestra un cuidado adecuado de las circunstancias; sin embargo, esto puede hacer que se pierda mucho tiempo y dañar la autoestima de las personas.

Estas personas suelen tener problemas en el trabajo, ya que se sienten agobiados al revisar repetidamente su trabajo y el de sus compañeros para que todo coincida. En la casa, es muy común que realicen ciertas rutinas para calmar su obsesión, como cerciorarse que apagaron la luz o cerraron la puerta dos o tres veces. Estas rutinas emanan de una idea irreflexiva que atrapa los aspectos voluntarios de la persona, y por eso se les llaman "actos compulsivos". Las personas con trastorno obsesivo compulsivo son hipersensibles y duermen mal, además de tener una fragilidad psicológica. Es común que lloren mucho, tengan alteraciones inmediatas en su estado de ánimo y sientan un apetito intenso.

No hay una causa única del trastorno obsesivo compulsivo, ya que existen factores biológicos, psicológicos y sociales. La gan mayoría de estas personas se sienten aisladas y presentan una dificultad para hacer amigos. El trastorno obsesivo compulsivo puede complicarse con depresión. Las características biológicas son una disminución en los niveles de serotonina y una modificación en la actividad de las neuronas en espejo.

La causa de que las acciones compulsivas perseveren y los pensamientos sin cesar tomen la parte objetiva de la vida de los pacientes con este trastorno es que sus redes neuronales se encuentran sobreactivadas. El pensamiento torturador solamente se ve disminuido cuando los rituales repetitivos se ejercen. Durante esta actividad, la corteza prefrontal, el tálamo y los ganglios basales toman momentáneamente el control de la actividad de la persona. El TOC se puede heredar desde 45 hasta 65%, pero la psicoterapia y los medicamentos pueden normalizar estas señales de reverberación neuronal.

En el cerebro de una persona con TOC, el sistema que desarrolla hábitos y el sistema que realiza supervisiones se encuentran modificados, haciéndose reiterativos. Los pensamientos absurdos y exagerados tratan de mantenerse bajo control. Así, las personas con TOC se sienten obligadas a ejecutar hábitos improductivos constantemente, y algunas son capaces de almacenar cosas sin sentido ni lógica. Esto no sólo causa que se queden atrapadas en un conjunto de compulsiones, sino que su vida también se transforma. Un paciente con TOC se puede sentir esclavizado y modificar la forma de convivencia con su familia, aunque la mayoría de las personas ocultan su conducta irracional. En casos graves pueden perder el empleo o ser abandonados.

CAPÍTULO 5

La importancia de la infancia en el amor

Elena nació hace 67 años. Es hija de Martina y Clemente, un matrimonio disfuncional. Su padre se ausentaba por largas temporadas, y cuando Clemente regresaba violentaba a su madre, la humillaba, la golpeaba y terminaba saliéndose de la casa nuevamente. Uno de los primeros recuerdos que Elena tiene de sus padres es que a los siete años su madre la puso trabajar en la finca más grande del estado, ayudando a la dueña en el lavado de la ropa y la cocina. El salario que ganaba se lo pagaban a Martina. En varias ocasiones, Martina sugirió regalar a su hija para que la familia rica pudiera otorgarle educación y comodidades. Sin embargo, la señora Daniela, la patrona, nunca accedió ante tal solicitud. Saber que su madre intentó regalarla es una de las penas más grandes de Elena, nunca lo olvidó y la marcó por siempre. Ante cualquier evento triste o adversidad de su vida, inmediatamente le invade el recuerdo de que su madre no la quiso. Los padres de Elena nunca tuvieron una educación formal y ella tampoco fue la escuela. No aprendió a leer hasta que acudió a una escuela nocturna cuando ya era grande.

Cuando Elena tenía 17 años, decidió escaparse de ese pueblo y migrar a la ciudad. Buscó a una tía que solamente había visto una vez, pero que aceptó que Elena se quedara en su casa a cambio de que trabajara en un taller de costura en el cual ella era la encargada de supervisión. Elena empezó a trabajar jornadas largas con poco dinero. En ese lugar sintió por primera vez la mirada de los hombres, en especial la del dueño del taller. Matías era un hombre de casi 40 años, robusto y moreno, dueño de un gran bigote y muy mal sentido del humor, con antecedentes de abuso de autoridad y acoso sexual a varias de sus trabajadoras. Matías le pidió varias veces a Elena que lo aceptara como su novio oficial. Ella ni siquiera sabía a qué se refería con eso, era una adolescente que no entendía de muchas cosas de la vida. Su inocencia era tal que sus compañeras se burlaban continuamente de sus pláticas.

Habían transcurrido tres meses desde que Elena empezó a trabajar en ese taller cuando Matías, con engaños, le pidió que lo acompañara a realizar varias entregas de la ropa confeccionada en el taller. Matías tenía muy bien trazado el plan. Después de invitarla a comer y ganar un poco de confianza, dirigió su auto a un hotel en las afueras de la ciudad. Ahí, con lujo de fuerza y abuso, violó a Elena. El evento fue totalmente caótico, Elena estaba horrorizada, se había quedado muda. Nada se parecía a lo experimentado, sentía dolor y vergüenza. Matías le prometía que la cuidaría y le daría más dinero a cambio de seguir teniendo acceso a su cuerpo. Elena nunca le contestó. Al regresar al trabajo, Elena le confió todo a su tía, sin embargo, ella la culpó de los hechos y la corrió de su casa. Esa noche Elena durmió en la calle, en la puerta de la iglesia.

Al día siguiente, Matías preguntó por Elena. Al no recibir noticias se dedicó a buscarla y le encontró sentada en el jardín frente a la iglesia. Lloraba y, prácticamente sin decir palabra alguna, le pedía a Matías que la ayudara. Matías rentó ese día un pequeño departamento, el cual fue amueblando poco a poco. De esa manera, Elena tuvo independencia por primera vez en su vida. Matías la visitaba cada tercer día. Elena poco a poco fue tolerando la situación y sin querer a ese hombre se acostumbró a su presencia. Nunca volvió a ver a su tía y nunca regresó al taller.

Casi al cumplir 18 años, Elena se dio cuenta de que estaba embarazada. Cuando se lo comentó a Matías, éste estalló en enojo. A lo largo del embarazo, Matías se fue tranquilizando. Matías era un hombre casado, tenía cuatro hijos con su esposa y una larga historia de relaciones pasajeras con las trabajadoras del taller. Sin embargo, con Elena había ido demasiado lejos. Nunca pensó separarse de su mujer para vivir con Elena, tener un hijo no estaba en sus planes. El nacimiento del pequeño hizo que Matías se quedará más tiempo en el departamento. El vínculo entre Elena y Matías no mejoraba mucho, no había conversaciones, no había palabras dulces; sin embargo, el niño tenía la magia increíble de la infancia, ambos se transformaban en su presencia.

Así pasó casi un año, nunca hubo una responsabilidad real por parte de Matías ni compromiso con Elena y su hijo. El niño no tenía documentos probatorios de la paternidad de Matías, nunca fue registrado, no tenía acta de nacimiento. Era tal la magnitud de su desconocimiento de las leyes y los derechos de un niño que Elena no se percataba de la responsabilidad que estaba adquiriendo, pero tampoco de la que Matías no cumplía. Casi un año después, se presentó a su departamento Maribel, la esposa de Matías. Para Elena ese encuentro no representó ninguna emoción en especial, Maribel era una mujer bastante molesta, pero Elena no respondía ante su agresión. Maribel la ofendió con varios adjetivos negativos, Elena bajaba la mirada, no se defendía y recordaba cómo su madre la regañaba. Matías llegó dos días después a la casa y le dijo que no podía mantener la relación como la tenían. Le dio 200 pesos y le dijo que nunca más lo buscara. Elena, sin saber qué hacer, se puso a vender comidas en la esquina del departamento. Al menos ahora tenía un techo donde vivir y un hijo que le enseñó responsabilidades en forma inmediata. De esta manera, Pedro, su pequeño hijo, le dio fuerzas para salir adelante. Matías jamás volvió a presentarse en la vida de Elena y de Pedro.

Habían pasado ocho años, Elena había madurado lo suficiente para darse cuenta lo que buscaban los hombres de una mujer como ella. Su puesto de comidas en la calle no era próspero, pero le daba lo suficiente para comer y solventar las necesidades de Pedro. Ahí conoció a Sebastián, un chofer de un camión de mudanzas, quien insistía demasiado en ser su pareja. Todos los días Sebastián llegaba prácticamente a la misma hora para comer y se iba con la promesa de regresar al día siguiente, solicitándole a Elena la oportunidad de convertirse en su pareja. El proceso era siempre el mismo, se convirtió en un ritual.

Sebastián era un hombre muy alto, de casi dos metros de altura, de personalidad fuerte, llegando a la agresión inmediata con cualquier persona que no estuviera de acuerdo con él. Tenía la misma edad que Elena, pero una gran experiencia en la carrera de la seducción. Un hombre fascinante y al mismo tiempo violento, Elena tenía sensaciones que nunca había experimentado cuando veía a Sebastián, se sentía nerviosa y emocionada. Era el único hombre al cual Elena le había permitido un acercamiento personal. Sebastián logró besar a Elena en varias ocasiones, primero de una manera clandestina y eventualmente consensuada.

Era cuestión de tiempo para que Sebastián entrara a la vida sentimental de Elena.

Cuatro meses después, Sebastián y Elena vivían en ese departamento, el pequeño Pedro se fue acostumbrando poco a poco a la presencia de Sebastián. Dado que Sebastián salía por semanas, ya que el camión que él manejaba llevaba fletes a cualquier parte del interior de la república, no era raro que Sebastián regresara dos o tres semanas después de su último encuentro. La vida sexual entre Elena y Sebastián era fabulosa, Elena por primera vez se entregaba con pasión a un hombre. Sebastián se sabía dueño del proceso. Por primera vez Elena se había enamorado, por primera vez Elena sentía que valía la pena vivir al lado de un hombre. Así pasaron tres años. Elena tenía muchas invitaciones para estar con otros hombres, no obstante, se sentía parte de la vida de Sebastián. Con lo poco que había podido aprender de la vida, Elena tomaba anticonceptivos orales cuando Sebastián llegaba a su casa. La vida al lado de él no era fácil, tenía que lavarle, plancharle y cuidarlo; en contraparte, Sebastián por momentos se portaba amoroso y tenía atenciones con el pequeño Pedro.

Al cuarto año de estar juntos, Elena se embarazó. No sabía cómo tomaría la noticia Sebastián. Sin embargo, pasaron dos meses y Sebastián no aparecía. Elena fue a buscarlo a su trabajo. Después de preguntarle a compañeros y jefes de la compañía de mudanzas, Elena comprendió que no sabía qué hacía Sebastián cuando no estaba con ella. Casi al final de su recorrido, uno de los amigos más íntimos de Sebastián le dijo: "Si quieres saber qué hace Sebastián, te invito a que vayas el sábado a la Iglesia del Sagrado Corazón, la del centro de la ciudad, a las cuatro de la tarde. No te puedo decir más, pero ahí te convencerás tú sola quién es Sebastián." La forma como se lo dijo, la prosodia utilizada y la sonrisa lacónica de ese hombre, le hizo sentir un escalofrío que atravesó su cuerpo y la sensación de que algo malo estaba sucediendo a sus espaldas.

Llegado el sábado, Elena no abrió su puesto de comidas, tomó a su hijo y, con dos meses de embarazo, se dirigió a la Iglesia. Una gran cantidad de gente se había reunido. Tomando sus debidas precauciones para esconderse, Elena se quedó impresionada. Ese día Sebastián se casaba con otra mujer. Su actitud de sorpresa pasó al enojo. Sin que los novios la vieran, Elena salió del atrio de la iglesia y se fue a su casa sigilosamente. Lloró amargamente durante varios días, tenía una mezcla de sentimientos, no entendía qué había pasado en su vida. ¿Por qué Sebastián se había comportado de esa manera? Ella estaba segura de que si se lo hubiera dicho lo habría entendido, ella lo hubiera dejado ser feliz con cualquier otra persona. Este fue un duro golpe a su madurez como mujer, ahora desconfiaba cada vez más de los hombres. En su vientre se gestaba una nueva vida. Paradójicamente, su futuro hijo tampoco tendría una figura paterna.

Pasaron cuatro años, Elena tenía dos niños. Del puesto de comidas de la calle había logrado pagar una renta una cuadra más adelante para tener una cafetería, en la cual ya tenía contratadas a dos personas que le ayudaban al negocio. Si bien no había prosperado mucho, se había afianzado más en ser autosuficiente y tener en mente la responsabilidad concreta de sus hijos. Ahí, sus niños jugaban después de la escuela y Elena mantenía cada vez una actitud más seria y de desprecio hacia los hombres. Una tarde de marzo apareció nuevamente Sebastián, se sentó en una de las mesas de la cafetería. Ella lo vio entrar y sintió un extraño calor en su cuerpo, una mezcla de alegría y enojo la atrapó. Sebastián estaba más delgado, pero igual de trato: seco y arrogante. Pidió de comer a la mesera, no dejaba de ver a Elena. Por su parte, Elena también sostenía la mirada y no podía creer el cinismo de Sebastián. Él se levantó y se dirigió al mostrador en donde Elena no movía ni un músculo, pero retaba a Sebastián con la mirada. La saludó, y le dijo: "He regresado, mi amor."

Tal vez muchas personas hubieran esperado una respuesta tajante ante tal escenario, otras más hubieran reaccionado de manera violenta para sacar a ese hombre del lugar. Pero Elena, seria y ecuánime, le dijo: "Si vas a regresar, que sea para siempre, y si te quedes conmigo será con mis condiciones." Sebastián le sonrió, tomó su mano y le dijo: "Mi amor, vamos a estar juntos para siempre." Ahí mismo, Elena le presentó a su hijo a Sebastián. Elena nunca cuestionó por qué había regresado, tampoco le dijo que había sido testigo del día de su boda por la Iglesia. De la misma manera no le cuestionó ni un solo día de su ausencia. Como si se hubiera ido un día antes, Elena permitió que Sebastián regresara a la casa, a su vida, con sus hijos.

Casi un año después, Sebastián le dijo a Elena que se irían a vivir al interior de la república. No tomó en cuenta el esfuerzo de Elena por mantener su negocio, los arraigos y mucho menos si a ella le parecía; la decisión estaba tomada, la familia se iría a vivir a la provincia. Ahí Sebastián había conseguido ser chofer de una compañía relacionada con el transporte de postes de luz y cables, la cual había ingresado a varios municipios de ese estado para electrificar la zona. Tres meses después de que se instalaron en su nueva casa, con una nueva vida, Sebastián parecía haber cambiado su personalidad a un hombre que iba a comer a su casa a diario y tenía una buena relación con sus hijos. Por primera vez, Elena sonreía a la vida, sintiéndose feliz. Tenía 30 años.

La mala suerte volvió a tocar en su puerta: Sebastián no llegó durante tres días. Ya no eran habituales las ausencias prolongadas. Elena empezó a inquietarse. Al cuarto día, dos trabajadores y el jefe de Sebastián se presentaron en su casa. Allí le dieron la noticia: Sebastián había muerto en un accidente. Llevando unos postes de luz, el camión que él manejaba se quedó sin frenos en una pendiente. Sebastián perdió el control, y él y su tripulación murieron casi instantáneamente cuando cayeron a un barranco. Elena nuevamente se quedó impávida, recordando esa sensación de calor y, sin llorar, preguntó por el cadáver de Sebastián. Cuando hizo el reconocimiento de Sebastián no se inmutó. Cuando fueron los funerales, no lograba comprender por qué cuando más feliz parecía ser su vida, nuevamente daba un giro intempestivo.

Elena se presentó por órdenes del jefe de Sebastián a la compañía el lunes siguiente. No supo cómo, no entendió por qué, pero también estaba allí la esposa de Sebastián, aquella mujer que vio en la iglesia. Cuando la esposa se dio cuenta de su presencia, estalló en cólera. Gritó, señalando a Elena: "¡Esta es la amante de mi marido, ella no tiene nada que hacer aquí!" Elena, sin perder la cordura, entendió que no tenía mucho que discutir y contestó de una manera tajante y asertiva: "Efectivamente, señora, usted es la esposa, no tengo nada que decir." Elena se dirigió a su casa, empezó a hacer maletas, sin esposo y sin dinero regresó con sus hijos a la capital.

Elena se sentía derrotada, sin pareja, sin dinero, con dos hijos, sin trabajo, sin arraigos. Tenía 31 años. A partir de ese momento, Elena buscó incesantemente trabajo mientras sus hijos se quedaron a cargo de amistades. En tan sólo un mes, Elena consiguió trabajo en una lavandería. Alternaba trabajando como mesera, cuidadora de ancianos, afanadora y ayudante de cocina. En tan sólo seis meses consiguió pagar el alquiler de un pequeño departamento. Era tal el trabajo, el estrés y la mala alimentación, que sin darse cuenta desarrolló una anemia y pérdida de peso considerable. Su estado de ánimo se acercaba cada vez más a la depresión. No tenía ratos libres, no convivía con sus hijos, tal era el cuadro de desajuste fisiológico que un día se desmayó en la calle. Cuando despertó se encontraba hospitalizada. Con la desesperación a cuestas por tratar de salir rápido del nosocomio, le pidió a su médico tratante, Federico, que le ayudara a salir. De manera inmediata, Elena y Federico se sintieron atraídos uno del otro.

Federico era un médico diez años mayor que Elena, atractivo, inteligente y diferente al tipo de hombres que Elena había tratado. Él hablaba de una forma distinta, la manera en la que la sedujo fue diferente a sus relaciones previas. Con la promesa de un tratamiento inmediato, innovador y que la hiciera sentir mejor, Federico citó a Elena a su consulta. Al segundo encuentro de estos dos personajes se inició una pasión que no podían contener. Federico, controlador, seductor y aprovechándose de la situación en la que se encontraba Elena, no dudó en continuar seduciendo a su paciente y faltando a su profesionalismo. Era tal la belleza de Elena que se sentía atraído como nunca por esa mujer. Elena dejó que Federico continuara, aun sabiendo que no era ético que él mantuviera esa situación. Así, ella permitió que Federico entrara en su intimidad. Al final de este encuentro, Federico se puso muy serio y le dijo: “Mira, Elena, lo que aquí sucedió solamente se va a quedar entre tú y yo, te pido por favor que te tomes estas pastillas inmediatamente. Soy un hombre casado, un médico respetado. Esto no debe volver a suceder por el bien de ambos." Elena no se sintió mal por la actitud de Federico, aunque un poco incómoda por la manera en la que él la había tratado al final. Tomó las pastillas anticonceptivas de emergencia en sus manos y las tiró en el primer bote de basura que encontró.

Tres meses después Elena se dio cuenta de que estaba embarazada. No lo podía creer, pero también era consciente de quién era el padre de su nuevo hijo y en dónde había sucedido ese embarazo. Físicamente se sentía mejor, aunque las condiciones económicas no eran las mejores; decidió tener a ese hijo. El tercer hijo de Elena se llamó Antonio, un niño hermoso, con un extraordinario parecido a su padre. La vida siguió su curso, matizada por las extrañas coincidencias que suceden a veces sin darnos cuenta.

Antonio se enfermó gravemente a los ocho meses de edad. Tenía un problema de gastroenteritis que varios médicos no habían podido diagnosticar o adecuar el tratamiento específico. Elena estaba desesperada, si bien la economía no era lo suficientemente grande, estaba mermando peligrosamente por la salud de Antonio. Pensó en el padre de su bebé. Tomando valor, lo fue a ver. Sentada en la sala de espera de su consultorio, al momento de pasar, Federico se quedó impresionado, pero al mismo tiempo mantuvo su seriedad y frialdad en el trato. Le dijo que respetara el hecho de no verlo más. Sin mucho tacto social, Federico le preguntó a Elena si en aquella ocasión Elena se había tomado las pastillas que él le había dado. Elena movió la cabeza con una señal negativa, Federico se fue poniendo cada vez más nervioso, le preguntó a Elena si el niño que estaba revisando era su hijo. Ella se lo confirmó. Federico revisó al niño, cuestionó desde cuando estaba enfermo y qué tratamientos previos había recibido. Hizo una receta con el nombre de los fármacos y recomendaciones para que el niño recuperara su salud. Con un tono cada vez más frío, Federico le dijo a Elena: "Aquí tienes este dinero para las medicinas, te va a alcanzar para muchas cosas más. Te pido que, por favor, por el bien tuyo y de este niño, no me vuelvas a buscar." Elena solamente movió la cabeza, asintiendo. Efectivamente, cumplió su promesa, nunca más volvió a buscar a Federico.

Pasaron más de 15 años, Elena y sus tres hijos varones, con altas y bajas, se habían acomodado en una colonia del sur de la ciudad. Sus dos hijos mayores empezaron a trabajar al mismo tiempo que estudiaban, no se cuestionaban más allá de que habían sido todos hijos de diferentes padres. Amaban y respetaban a su madre, le ayudaban en las labores del hogar y la economía de la casa. Elena ya tenía 50 años, seguía siendo atractiva, dinámica y muy fuerte. A estas alturas de la vida, Elena conoció a Esteban, un viudo cinco años menor que ella, encargado de una cafetería donde Elena fue contratada. Fue más por la insistencia de Esteban que por el ánimo de Elena que aceptó una relación. Esteban se empeñaba en seducir a esa mujer que constantemente le mostraba su desdén. Sus hijos también presionaron para que su madre aceptara a Esteban, un buen hombre, de carácter afable y sin muchas ambiciones. Esteban había sentido la necesidad de casarse, Elena no lo consideraba necesario. La familia había tenido varios problemas al momento de tramitar documentos oficiales, como actas de nacimiento y comprobantes de nacionalidad. Esteban garantizaba solventar la economía de la casa aceptando a los tres hijos de Elena.

En realidad, Elena no amaba a Esteban, llevaban una relación cordial, pero Elena no estaba dispuesta a dar mucho más que eso. Esteban la convenció de casarse con él. En una ceremonia muy simple a la que asistieron los tres hijos de Elena, el hermano de Esteban y amigos de ambos, dieron por asentado el inicio de un matrimonio. Esteban no se imaginaba lo que le vendría encima. De una manera increíble e inusual, en las primeras discusiones después de estar casados, Elena presentó una gran violencia ante Esteban: lo golpeaba, lo agredía verbalmente, era capaz de aventarle objetos y solía encerrarse en su cuarto durante horas. Aunque no tuviera la culpa, Esteban le pedía perdón a Elena por esta conducta inusitada. Para evitar discusiones, Esteban se echaba la culpa; para evitar violencia, Esteban a veces se salía de la casa durante horas, hasta que Elena se tranquilizaba. Elena se estaba mostrando como nunca había sido: una persona violenta, agresiva y destructiva. Sus hijos tenían que involucrarse en las peleas para evitar que Elena golpeara a Esteban. El proceso no duró mucho tiempo, al tercer año de matrimonio, Elena le pidió a Esteban que se fuera de la casa.

Los hijos del Elena se casaron muy jóvenes, Pedro se casó a los 17 años, José a los 18 y Antonio a los 17. Elena se quedó sola en su casa, no tenía amigos ni familiares que la buscaran. De sus padres no había tenido noticias, nunca le interesó volver a buscar a su madre, ni siquiera ir al pueblo en donde había vivido de pequeña. No se emocionó con el nacimiento de sus nietos, y aunque ayudó en los primeros años de vida de cada uno de ellos, rápidamente buscó no comprometer su vida al cuidado de los pequeños.

Actualmente, Elena está por cumplir 68 años. No disfruta muchas cosas de la vida. No ve televisión, no va al cine, no tiene amigas, no visita a la familia, no tiene ambiciones. El único lugar donde se siente cómoda es en su casa, escuchando el radio. En los últimos dos años ha ido con el médico porque le aqueja un cuadro muy grave de gastritis, dolor abdominal y sensación urente en el pecho, por momentos estreñimiento, asociado también a un proceso de colitis. El médico que ha estado atendiendo el problema gástrico e intestinal de Elena se ha dado cuenta de que detrás del proceso de enojo, nerviosismo, ansiedad y alteraciones a la hora de dormir, como el insomnio, no es solamente un problema gástrico. El médico le ha mencionado una posible depresión que Elena no quiere aceptar. Cuando el médico interroga a Elena y le pregunta cuándo fue la última vez que lloró, Elena contesta: "Imagínese, doctor, la última vez que lloré fue cuando un hombre que amé con todo mi corazón se casó con otra, y no cuando este hombre murió." El médico trata de entender cuál es la razón de la depresión que Elena esconde, es cuestión de tiempo y de un buen interrogatorio para que ambos lleguen a las conclusiones.

¿Qué sucedió en el cerebro de Elena?

Los niños que crecen en un ambiente poco estimulante, no deseados, inician su vida con grandes desventajas. La pobreza influye social y biológicamente en la formación de un cerebro. Aun con padres, los niños pueden llegar a ser huérfanos sociales cuando no son queridos. El abandono social es un estigma que puede causar enfermedades y que influye negativamente en la vida de un adulto. Aunque los padres estén vivos, su falta de cariño y la poca empatía que expresan son la base de que estos niños se conviertan en adultos inexpresivos, o al menos no generen vínculos afectivos con las personas de su entorno.

La organización de un cerebro depende mucho de la alimentación, el juego infantil y el amor de los padres. Si la alimentación es inadecuada, en un marco de disciplina rígida asociado a un bajo nivel educativo, estos cerebros formados en condiciones hostiles presentan más comúnmente abusos físicos o sexuales en la etapa adulta. En un marco de estimulación social inadecuada, es común que la talla de los niños y adolescentes sea menor al promedio. También se asocia con retrasos cognitivos y lingüísticos. Estas personas se ven como serias y con problemas de comportamiento, en especial hiperactivos o, en su defecto, incapaces de establecer y mantener relaciones con sus seres queridos. Como adultos jóvenes, les cuesta mucho trabajo controlar sus emociones y sostener la atención en forma constante. En la etapa adulta, durante procesos sociales cuyo denominador común es establecer relaciones, les cuesta mucho trabajo comportarse socialmente y establecer relaciones de gran afecto con extraños. La falta de estimulación sensorial en un cerebro en formación genera una disminución en la expresión emocional en etapas adultas.

La gran mayoría de los desarrollos sensoriales, lingüísticos, socioemocionales y de aprendizaje dependen de la experiencia durante los períodos críticos de nuestra vida: el primero antes de cumplir tres años y el segundo entre los ocho y doce años. Muchas de las conexiones de nuestro cerebro dependen específicamente de las experiencias en esos períodos críticos. Los niños que no tienen oportunidad de establecer una relación intensa con sus padres ponen en riesgo su desarrollo social y emocional. Hay una disminución específica del tamaño del hipocampo y de las fibras que conectan ambos hemisferios cerebrales, lo cual tiene un impacto negativo en los fenómenos de plasticidad neuronal que se necesitan al momento de adaptarse a procesos negativos o de entendimiento de aspectos sociales, así como el establecimiento de vínculos afectivos relacionados con el amor. Se ha identificado que los individuos que no tuvieron cariño en las primeras etapas de la vida tienen una disminución en la actividad metabólica de la corteza prefrontal, lo cual hace que las funciones ejecutivas, como planificación y regulación emocional, estén disminuidas en la etapa adulta. Hay una disminución en la conectividad de la corteza temporal, responsable del lenguaje, la interpretación de emociones y procesamientos de memoria.

Los sentimientos y procesos de apego entre un bebé y al menos un adulto son necesarios para que el cerebro del niño sea capaz de mantener relaciones saludables a lo largo de su vida. Un niño que se separa del adulto pero entiende que éste quien lo cuida, regresa por él, tiende a una conducta exploratoria, a la búsqueda de proximidad y la atención de su cuidado, e identifica la presencia de extraños como posibles riesgos ante su integridad. Esto se pierde cuando un niño no identifica a un cuidador: se convierten en inseguros y desorganizados, el miedo va desorientándolos al grado de no sentir seguridad con nadie.

El destino de un ser humano no está escrito, no todo es genético. Sí son importantes los sustratos biológicos y psicológicos que nos otorgan la familia y los padres. No hay determinismos en la manera en que aprendemos y expresamos el cariño. Hay un gran número de variables que interfieren también para modificar positiva o negativamente la dirección de aprendizaje del cariño y su demostración. En la primera etapa de su vida, Elena recibió una pendiente de aprendizaje y herencia psicológica y biológica dura en contra de su cerebro. Esto motivó una disminución de aprendizaje de eventos negativos, por lo que fue normalizando cada vez más la violencia y atenuando factores de aprendizaje que hicieron que no reconozca señales de alerta. Aprendió con mucho dolor algunos procesos relacionados con el establecimiento de los lazos afectivos con sus parejas. No es que no le doliera lo que le sucedía, no lo entendía. El aprendizaje fue aún más doloroso para ella, por eso las manifestaciones de felicidad, cariño y afectos eran prácticamente nulos o escondidos por parte de un cerebro que había aprendido con base en mucho dolor.

Muchas de las emociones que le sucedían a Elena ya en la etapa adulta no eran etiquetadas adecuadamente. El giro del cíngulo –una estructura del cerebro especializada para la etiquetación de emociones– seguramente tenía una disminución de conexiones neuronales con la amígdala cerebral y el hipocampo, por lo que hay una atenuación importante en la forma que conecta con las emociones de las personas que están a su alrededor. La falta de afecto social es muy común en las personas que tuvieron una infancia difícil y nula retroalimentación de afectos entre los 8 a 12 años. Una persona que a esta edad es testigo de violencia, abandono, mentiras o agresiones dirigidas repite el mismo patrón de conducta en la etapa adulta, convirtiéndose entonces en un cerebro repetidor de las conductas más violentas.

Todas las experiencias negativas relacionadas con el amor y el apego que recibió el cerebro de Elena en su vida fueron los detonantes de la violencia en su última relación. El giro del cíngulo del cerebro de Elena interpretaba a la única pareja que no había sido violenta ni agresiva como el detonante de la violencia, agresión y enojo contenido de sus relaciones previas. Es precisamente en esta estructura cerebral en donde también se encuentran las neuronas espejo, las que son moduladas neuroquímicamente por el neurotransmisor serotonina. La gran mayoría de las personas con depresión interpretan inadecuadamente muchos de los eventos sociales cotidianos, ya sea como detonantes del inicio de una tristeza o, peor aún, como generadores de un proceso de violencia, enojo e irritación constante. Muchas veces detrás de nuestra depresión existe una tristeza sin procesar, un ciclo continuo de violencia enmascarada por enojo.

El cerebro de Elena estuvo expuesto desde etapas muy tempranas de su vida a un estrés crónico y un impacto negativo de los estímulos sociales sobre la activación de mecanismos neuronales relacionados al aprendizaje de conductas. Estas se alteraron y generaron un déficit cognitivo. A lo largo de la vida de Elena también hubo respuestas hormonales, fisiológicas y psicológicas que enfrentaron inadecuadamente su estrés y la vincularon con alteraciones que fueron disminuyendo poco a poco su funcionalidad. Por ejemplo, el hipocampo disminuyó sus procesos de memoria y hubo un incremento en la relación entre el hipotálamo, la hipófisis y sus glándulas suprarrenales, que elevó sus niveles de corticosteroide y alteró su sistema inmunológico. Así, estímulos de menor intensidad detonaban respuestas desproporcionadas.

El abandono fue una constante en su vida, lo cual modificó su estado conductual y de salud. Esto explica, en parte, muchos de los eventos que le aquejan. Es decir, no solamente es un proceso de gastritis y colitis que se puede entender y tratar de una manera puntual, sino que es fundamental saber que identificar el proceso de depresión e incapacidad de reconocimiento de emociones puede ayudar aún más al tratamiento de gastroenterología.

CAPÍTULO 6

Mentiras e infidelidad

Marisela tiene la mirada perdida, parece ver por la ventana hacia algún punto distante en el horizonte, donde se pierde su pensamiento. Es una mujer de pelo corto, morena y delgada, con manos bien cuidadas; aún conserva algunas facciones atractivas. A sus 68 años, la enfermedad neurológica que padece no le ha quitado las ganas de vivir. Acaba de recibir su baño por parte de la enfermera y está sentada junto a la cama de recuperación del hospital en el que se encuentra. No todos los enfermos tienen el privilegio de estar hospitalizados en un cuarto individual y recibir a sus familiares en cualquier momento del día. Todos los días la visitan sus hijos, Germán y Braulio, y sus tres nietos adolescentes, Karina, Jesús y Lorena. Tanto los médicos, enfermeras y trabajadoras sociales, como sus familiares, sienten una gran empatía por Marisela, la paciente de la cama 25. Ella les sonríe a todos.

Todos los días después de mediodía, entra puntualmente Cruz, su esposo, un hombre bajito, de pelo cano, amable y muy respetuoso. Siempre viene bien vestido, aunque sus zapatos no del todo limpios. Cruz tiene 73 años y está casado con Marisela desde hace 52 años. Actualmente se encuentra pensionado, al cuidado de su esposa y de una de sus nietas. Su tolerancia, amor y cuidados se han mantenido constantes desde que le diagnosticaron a Marisela una enfermedad desmielinizante hace 16 años. Las neuronas de Marisela se están quedando sin mielina, una sustancia que hacen que los estímulos que salen del cerebro no lleguen adecuadamente a sus manos y sus pies; la velocidad de su pensamiento ha ido disminuyendo gradualmente.

Todos los días, Cruz asiste al hospital para quedarse con su esposa toda la tarde y hasta ya entrada la noche, cuando se levanta de la silla junto a la cama para tomar el metro y llegar a su casa. A veces lo relevan su cuñada, algunas sobrinas o sus hijos. Sin embargo, desde hace dos meses Cruz siempre está en el hospital al cuidado de la que siempre ha llamado el amor de su vida. La salud de Marisela no mejora. Su hijo más joven, Braulio, es médico especialista y por momentos coordina el tratamiento de su madre con sus colegas del hospital. Carolina, la esposa de Braulio, es especialista en medicina de urgencias y también se hace presente para valorar y darle palabras de aliento a su suegra. Carolina se muestra muy respetuosa, amable y amorosa con su suegra, quien, sin palabras, llora en agradecimiento cuando Carolina le arregla las uñas, le cambia el pañal o le cuenta las últimas travesuras de su nieta. El contraste de todos los hijos, esposo, nueras y nietos es Braulio, el hijo que Marisela siempre dijo querer más. Él la trata respetuosamente pero con frialdad, sin gran apego. Tal pareciera que su hijo médico cuestiona por momentos las negativas de su madre.

Cuando Marisela tenía 16 años vivía en una comunidad rural, a tres horas de la capital. Era la mayor de cinco hermanos, por lo que le tocaba cuidar a todos además de procurar a los animales de la casa: cinco gallinas, un burro, dos gallos y los perros. Trinidad, su madre, era una mujer irascible, de muy mal carácter y siempre refunfuñando la ausencia de su padre. Era una madre maltratadora y cruel, sin ninguna instrucción escolar. Su madre le enseñó a Marisela que una mujer sirve para atender a los hombres, para obedecerlos y no cuestionarlos. En promedio, Marisela recibía de cinco a siete golpizas al mes por parte de su madre, además de humillaciones y mala alimentación. Marisela siempre sentía frío.

Cuando don Teodoro, su papá, regresaba a su casa cada tres semanas, Marisela y sus hermanos tenían sentimientos encontrados. Algunas veces llegaba con un kilo de fruta, en otras ocasiones con un pan. Le decía a sus hijos que la vida de velador en una fábrica en la ciudad era muy difícil. Trinidad daba los pormenores de cómo se había portado cada uno de los hijos, y era común que también el papá empezará a repartir castigos a cada uno de sus vástagos para tratar de enderezar sus conductas. Sin embargo, en lugar de golpear a Marisela, él le decía: "Ya no te portes mal y obedece tu madre." Marisela por momentos no entendía qué es lo que debía sentir por sus padres: si pena por no ver a su papá, sabiendo que don Teodoro tenía ya otra familia, o si coraje contra Trinidad por el maltrato que recibía por ser la única a la que su padre no golpeaba y a la que le presentaba más cariño de todos sus hermanos.

Fue durante esa época que Cruz, de apenas 22 años, descubrió a Marisela mientras ayudaba en una de las actividades del campo. Don Teodoro lo había contratado únicamente para recoger la cosecha y depositarla en una pequeña bodega. A Marisela le llamó la atención ese hombre de baja estatura, bonachón y sonriente, mayor que ella. Cruz apenas atinó a decir que esa muchacha le había robado el corazón desde la primera mirada. Marisela era prácticamente una niña, desnutrida, de grandes trenzas y extraordinariamente tímida.

Durante las siguientes dos semanas, Cruz visitaba a Marisela sin que nadie lo supiera, de otra manera, Trinidad habría impedido esos encuentros. Puntualmente, a las siete de la noche, Cruz se presentaba en una esquina de la casa, a escondidas, para platicar de situaciones del campo y de los planes que tenía de migrar a la ciudad para ganarse la vida en mejores condiciones. Poco a poco, Marisela fue otorgándole su confianza. Ella no sabía si en realidad le gustaba aquel muchacho, sin embargo, era la primera vez que alguien se había interesado por ella.

Un viernes, Cruz se atrevió a decirle a Marisela que lo acompañara a un baile en el pueblo cercano. Marisela se horrorizaba nada más de pensar que su madre se enterara de dicha invitación. De repente, se dio cuenta que uno de sus hermanos se encontraba escondido detrás de un árbol escuchando la plática de los jóvenes. Mario era testigo de aquel encuentro, y aunque no hubo ningún beso, ni siquiera un roce de manos, la presencia de su hermano le hizo tener un mal presentimiento. Esa noche, Marisela y Cruz tuvieron que cortar la comunicación de una manera abrupta. Marisela le pidió a su hermano que no le dijera a su madre de aquel encuentro. Sin embargo, Mario, armado de un valor infantil, le dijo: "Es lo primero que voy hacer para que te castigue, no solamente mi mamá. Quiero que mi papá se dé cuenta de quién eres y que tú aprendas a obedecer como se debe."

Marisela se sentía morir en vida, poco valieron sus súplicas ante su pequeño hermano de once años. Al regresar su madre de la faena del campo, Mario corrió y le dijo de lo que había sido testigo. Trinidad se levantó y, como nunca, golpeó hasta el cansancio a Marisela, la arrastró de sus trenzas hasta arrancarle una. El dolor y la sensación de humillación e impotencia eran insoportables para Marisela. Sin embargo, no le sirvió de nada gritar. Trinidad tomó más fuerzas hasta romperle una escoba en la espalda. La represalia no paró ahí, su madre le dijo: "Espera a que regrese tu padre para que entiendas la magnitud del castigo que te mereces."

El terror de Marisela era muy grande, sabía que su padre regresaría el domingo para continuar el castigo, un castigo que ella entendía como sobredimensionado. Eran las dos de la mañana cuando escuchó el sonido del silbido de Cruz; ella sabía que era él. Sin pensarlo mucho, arrojada por el miedo, Marisela abrió la puerta del jacal, se saltó la barda y le dijo con voz entrecortada a un Cruz sumamente sorprendido: "¡Llévame contigo!" Cruz abrazó a la jovencita, le limpió las lágrimas, se quitó su gabán y le dijo: "Te quiero mucho, Marisela, y siempre te voy a cuidar." Apenas juntaron sus mejillas, ese fue su primer beso. En esa magnitud, corrieron como dos ladrones por las calles de su pueblo empedrado sin saber qué iba a suceder.

Cuando los parientes de Cruz se dieron cuenta de que Marisela había dormido ahí, inició una serie de discusiones sobre el futuro de la jovencita: si regresaría a su casa, aceptando que Cruz era un hombre y ella una menor de edad, o si los padres de Marisela pronto llegarían a tratar de cobrar venganza o a expulsar a los dos de ese lugar. En casa de Marisela, Trinidad no paraba de llorar. Sabía que la próxima llegada de don Teodoro no sería la misma: su esposo la tomaría como culpable y la golpearía.

Finalmente, en casa de Cruz decidieron apoyar la decisión del joven. La noche del domingo, don Teodoro no solamente golpeó a su mujer sino a todos sus hijos, mató a un perro y destruyó con sus propias manos la bodega de la cosecha. Teodoro le dijo a su mujer: "Tú tuviste la culpa, no la cuidaste. Te hago responsable de esta situación." Teodoro fue a buscar a su hija a la casa de Cruz, sin embargo, Marisela no salió. El terror la abrumaba. Los padres de Cruz no fueron amables y le pidieron que se retirara.

Tres meses después, Cruz y Marisela se casaron en la iglesia del pueblo. La madre de Marisela estaba ausente, pero su padre estaba escondido detrás de un encino del atrio de la iglesia. Años después, Marisela se enteró que su padre lloró amargamente en ese sitio y pidió por todos los medios que no se llevara a cabo ese matrimonio. Sus súplicas no tuvieron ningún impacto, ni en el sacerdote ni en las autoridades del pueblo. Casi dos meses después, Teodoro, con una actitud distinta, tranquila y calmada, se entrevistó con Cruz y Marisela. Él se daba cuenta perfectamente que su hija no amaba a ese hombre. Había una actitud de impotencia, enojo y tristeza. Marisela estaba arrepentida de todo lo que había sucedido, no había disfrutado ni la boda, ni la fiesta y mucho menos su nueva vida, la cual se había transformado en actividades de servidumbre en la nueva casa. El despertar de su sexualidad había sido doloroso y sin ningún tipo de romanticismo. Sin embargo, no estaba dispuesta a regresar a su casa.

Gradualmente, Marisela fue aceptando la cercanía de Cruz. Él quería quererla, pero no sabía cómo. Era tosco y por momentos frío. Una tarde, la familia de Cruz incriminó a Marisela, diciendo que ella había robado dinero y documentos importantes, como las escrituras de un terreno muy importantes para la familia. Marisela ya no soportó tantas humillaciones, esperó a su esposo y le dijo: "Si tú no tomas la decisión de irnos ahora a la capital, me iré sola y te quedarás con tu familia. Llegó el momento de salirnos de aquí de una buena vez." Cruz volvió a abrazarla y le dijo: "Te prometí que te iba a cuidar para siempre."

Al día siguiente, Cruz y Marisela llegaron a la capital. Lo único que traían eran unas bolsas con su poca ropa, 20 pesos y la incertidumbre de no saber qué hacer. Cruz inmediatamente buscó trabajo, fue ayudante de panadero, nevero, cargador y estibador. Después de tres años de estar totalmente aislados de ambas familias, Marisela se embarazó. Ante dos amenazas de aborto espontáneo, nació el pequeño Germán, con apenas siete meses de vida. Su salud era muy endeble y su calidad de prematuro lo había condenado a una gran vulnerabilidad ante las infecciones respiratorias.

El dinero fue escaseando, no alcanzaba para las medicinas y a veces ni para lo más elemental. Cruz se sentía cada vez más agobiado y Marisela se sentía derrotada. Fue a buscar a su padre, ella sabía en dónde estaba la fábrica en la que don Teodoro trabajaba como velador. Teodoro la recibió de forma fría, pero al ver las condiciones en las que iba le regalo 200 pesos y un lote de ropa para que lo vendiera. Ese encuentro fue el perdón del padre ante su hija, y no sería la última vez que él le ayudaría económicamente a lo largo de su vida.

El amor a veces es un capricho y en otras ocasiones se presenta de la manera más intempestiva, sin pedirlo y sin esperarlo. Cruz se quedaba a trabajar hasta tres horarios cargando y descargando camiones, para con ello tratar de solventar los días en que no lo contrataban o no había trabajo. Sin embargo, si no trabajaba un turno, esperaba el siguiente. Se le veía sentado o dormitando cerca de los camiones para tener la primera oportunidad de ingresar a trabajar en la descarga y carga de flete. Marisela a veces buscaba a su esposo para llevarle de comer. Para llegar a la central en donde trabajaba Cruz desde el pequeño cuarto en donde vivían Marisela, Cruz y Germán, era necesario tomar un autobús.

Para entonces, Marisela ya tenía 25 años y la maternidad le había sentado bien: la ropa que usaba se ajustaba muy bien a su cuerpo esbelto, era una mujer agradable y sexualmente muy atractiva. Marisela tomaba el mismo autobús de regreso a su casa casi cada tercer día. Primero no se daba cuenta y después no quería considerarlo, pero Reinaldo, el chofer de ese autobús, la había descubierto. Al principio la miraba a través de un espejo, después la saludaba de una manera maliciosa mezclada con atención. Reinaldo dejó de cobrarle el pasaje a Marisela, que a veces venía acompañada de su hijo. Había una mirada de complicidad entre los dos.

Sin saberlo, Marisela fue teniendo sensaciones que nunca había experimentado antes. Se sentía hermosa y seducida cuando Reinaldo la veía. Su corazón se desbordaba y sentía cosquillas en su cuerpo, en su espalda y en su pelvis. Por primera vez ella deseaba a un hombre, por primera vez sentía lo que muchas personas contaban acerca de la pasión y el deseo por el sexo opuesto. No estaba dispuesta a compartir su secreto con nadie. Ella sabía que su esposo procuraba ganar dinero para el sustento, sin embargo, Reinaldo poco a poco iba ganando terreno en la seducción. Reinaldo era dos años mayor que Marisela y era chofer de autobuses para pasajeros desde hacía diez años; era un hombre fornido, moreno y de pelo quebrado. Estaba sumamente enamorado y tenía un historial amoroso tan largo que era muy difícil contar a todas sus amantes. Con apenas la primaria terminada y una historia de abandono por parte de su padre, Reinaldo era conocido como un hombre violento, agresivo y rencoroso.

Una tarde de septiembre con lluvia torrencial, Marisela no pudo bajar del autobús por la gran cantidad de agua que corría por las calles. Reinaldo le dijo: "Permíteme, llego a la terminal y regresamos, esperando que el agua disminuya y ya no llueva tanto." Marisela sintió miedo y placer al mismo tiempo, imaginó las experiencias que solamente había visto en las revistas del corazón que leía ocasionalmente. Ya entrada la noche, cuando el camión se dirigía rumbo a casa de Marisela, Reinaldo y Marisela no dejaban de observarse a través del espejo.

Cerca del sitio donde había marcado Marisela, Reinaldo hizo alto total del autobús, lo estacionó y se pasó al asiento en donde Marisela venía sentada. El mundo se detuvo, Reinaldo abrazo a Marisela y la besó. Ella respondió a cada una de las caricias y de los actos a los que él la estaba invitando. Marisela se entregó a la pasión como nunca lo había hecho: por primera vez experimentó un orgasmo, por primera vez supo lo que eran las caricias apasionadas de un hombre en su cuerpo. Estaba increíblemente lubricada y Reinaldo le cumplía todos sus deseos de mujer. Él sentía haber logrado una de las conquistas más satisfactorias de los últimos años. Ella le mintió y le dijo que era madre soltera; él le mintió diciéndole que era un hombre libre.

La irresponsabilidad de ese acto sexual tendría consecuencias: ahí, en ese asiento de autobús público, se había gestado una nueva vida. Marisela, sin saberlo, había quedado embarazada de Reinaldo. Treinta minutos después, ella descendió del autobús con una mezcla de estupor, gusto y pena. Los siguientes días fueron complicados para Marisela; se sentía sucia, avergonzada y con una gran pena con Cruz. Sin embargo, Cruz nunca se dio cuenta de esto. Cuando Marisela se encontraba sola, su mente regresaba a esa tarde especial y volvía a sentir lo increíble que había sido aquella experiencia con Reinaldo.

Reinaldo y Marisela iniciaron una relación de amasiato. Se veían entre dos y cuatro veces cada semana. Ambos mentían sobre su vida, sobre su relación previa, sobre su familia. En realidad no querían enterarse de sus vidas fuera de esa relación. Los había atrapado una pasión que nunca había sentido ninguno de los dos. A los tres meses de estar con su amante, Marisela comenzó a sentirse distinta: estaba subiendo de peso, sentía estreñimiento, pesadez en la cadera y una sensación de náusea constante. Fue a una consulta médica, en el fondo no quería confirmar un embarazo. Sin embargo, después de hacer cinco preguntas y una pequeña exploración, el médico le dijo: "Felicidades, señora, usted tiene de dos a tres meses de embarazo." Marisela volvió a sentir una mezcla de emociones: culpa, felicidad, enojo, vulnerabilidad y tristeza.

Cruz se puso feliz y le prometió que trabajaría todavía más dado que la familia crecería. Marisela tenía un secreto que no estaba dispuesta a compartir con nadie, nunca; decidió no volver a ver a Reinaldo. Ya no fue a sus encuentros, se escondió de él y evitó enterarse de su paradero. Nueve meses después, de una manera distinta a su primer embarazo, en mejores condiciones de alimentación y cuidados, nació Braulio. Aun desde los primeros días de nacido, Braulio era la imagen viva de Reinaldo: tenía sus ojos, su nariz, su boca y el color de su piel. Marisela no tenía ninguna duda de que el padre de su hijo no era Cruz. Ahora con dos hijos, Marisela tenía la necesidad de trabajar para ayudar a su esposo en los pagos de varias cosas que cada vez eran más necesarias.

Casi un año después, cuando ya se había tranquilizado un poco del huracán que había sido Reinaldo, Marisela se subió a un camión en otro rumbo de la ciudad. Llevaba de la mano a Germán y cargaba al pequeño Braulio. Al subir, casi se le paralizó el corazón y la presión arterial le disminuyó, su piel sudaba, su boca se sentía reseca y sentía dificultad para decir una palabra. Reinaldo manejaba ese autobús. Él no dejaba de verla, se dio cuenta que el pequeño bebé que traía cargando era suyo. Marisela no lo pudo ocultar y le dijo que así era. El nuevo encuentro fue definitivo, se organizaron para verse y frecuentarse nuevamente con el pretexto de cuidar a su hijo. Marisela amaba y temía a ese hombre y decidió aceptar su propuesta.

Así pasaron 15 años. Braulio creció y Marisela no le dijo que Cruz no era su padre. Braulio llevaba el apellido de Cruz, lo respetaba como su padre y lo veía como tal. Marisela seguía viendo a escondidas a Reinaldo, y en ocasiones arreglaba encuentros para que Braulio conviviera con él, le decía que Reinaldo era algo más que un tío, que era como si fuera su padre pero que no tenía que decirlo nunca. Esto causaba conflictos para el niño. Braulio a su corta edad entendió que eso no era común, pero prefirió no ir en contra de los designios de su madre y aceptó de mala manera sus acuerdos. Socialmente, Marisela expresaba que Braulio era su hijo consentido; sin embargo, él bajaba la mirada y se daba cuenta que, en lugar de sentirse orgulloso por esa distinción, se sentía incómodo. A los 16 años, la misma edad que tenía Marisela cuando se salió de su casa, Braulio enfrentó a Reinaldo, le dijo que él no era su padre, y que si así fuera, él no quería volver a verlo. Para Braulio, mentir y hacer cosas a favor de su madre era cada vez más insoportable y lo hacía sentir que su vida también era una mentira. Braulio tuvo la inteligencia suficiente para hacer una carrera universitaria, escogió ser médico y así exorcizar sus enojos y frustraciones.

A los 29 años, Braulio ya había terminado su carrera universitaria y su especialidad, estaba casado y tenía un hijo. Se había alejado de su madre y nunca había vuelto a buscar a Reinaldo. Carolina, su esposa, había analizado muchos de sus problemas, y poco a poco se fue enterando de la historia que estaba detrás de su esposo. Con amor, calma y ejemplos, Carolina ayudó a Braulio a entender a su madre y a comprender la situación por la cual había sucedido todo. Sin proponérselo, un día en el hospital en el que trabajaba, Braulio atendió a su media hermana, quien llevaba los apellidos de Reinaldo. Se dio cuenta que su padre biológico había estado casado prácticamente los años que él tenía de vida, que su madre sabía perfectamente de la doble vida de Reinaldo, que ya no esgrimía culpas por haber sido su amante y que además había logrado escalar a un prestigio social que no estaba dispuesta a dejar. Marisela se había convertido en una señora respetable, a la que muchas personas le pedían consejos. Toda su familia, desde sus hermanos, sobrinos y nietos, le brindaban un respeto incuestionable. Solamente Braulio se paraba frente a ella y, a veces, con tan sólo la mirada le decía tantas cosas a su madre. Ella solía mirar a otro lado, perdiendo su mirada en el firmamento.

Braulio enfrentó como médico a la enfermedad crónica neurológica de su madre. Al principio se pensó en una depresión, ya que Marisela solía llorar por las tardes y refería sentir pocos deseos de vivir. Inicialmente, Braulio pensó que era una manera de manipular la situación, sin embargo, Carolina detectó que detrás de esa tristeza y melancolía existía una disminución en la fuerza muscular del cuerpo de Marisela, asociada a dolores en su cuerpo. Este descubrimiento motivó una serie de estudios, y el diagnóstico prácticamente lo hizo Braulio. Al saber que Marisela tenía una enfermedad terminal, Braulio fue modificando la dureza con la que trataba a su madre, procuró ser menos inquisitivo y duro con ella y permitió a su hijo abrazar a su abuela y convivir más con ella.

Marisela mantuvo su secreto a casi toda su familia. Sin embargo, dejó cabos sueltos, prácticamente todos los hermanos se enteraron de esta situación. La duda existe si Cruz algún día supo algo de la infidelidad de su esposa y que Braulio no era su hijo. Sin embargo, Cruz nunca dejó de asistir al hospital. La última persona que estuvo con ella hasta el final de sus días fue su esposo. Ella casi no podía mantener la respiración, se comunicaba a través de la mirada, se fatigaba con tan sólo intentar decir algo. De forma inesperada, un día de octubre fue el último de su vida. Marisela tuvo una crisis que la llevó a dejar de respirar; Cruz estaba ahí, junto a ella. Marisela se esforzó para decirle su última palabra: "Perdóname." Cruz la abrazó con mucho amor y le dijo: "Yo te prometí cuidarte toda la vida." Lo cumplió. Marisela murió en sus brazos.

¿Qué sucedió en el cerebro de Marisela, Cruz y Reinaldo?

El cerebro de Marisela, un cerebro desnutrido, inmaduro y formado en un ambiente social tóxico, cambió su conectividad para la sensibilidad e interpretación adecuada de sus emociones. Desde muy pequeña empezó a mentir, sintiendo que sería una manera de adaptarse al medio. Su cerebro fue sensibilizando la culpa de la mentira y su emotividad fue disminuyendo significativamente.

En los cerebros de este tipo de personas las neuronas espejo disminuyen la traducción de la empatía social. Las personas que tienen una infancia violenta, de abandono y agresión constante están condicionadas a tener procesos depresivos en la edad adulta. Marisela inició una relación a una edad muy temprana, con gran inmadurez tanto psicológica como social. Se casó con una persona que no amaba y nunca había sentido atracción hacia alguien. Al entender su error supo que su decisión era irreversible.

En las mujeres, la corteza prefrontal –la parte más inteligente del cerebro– termina de conectarse en promedio a los 22 años, por lo que a los 16 años todavía existen datos de infancia en un proceso de adolescencia con cambios hormonales. La gran mayoría de los cerebros que tienen menos de 22 años no toman buenas decisiones. Sin embargo, también conocemos que la adversidad, desaprobación y conflictos en la vida de un ser humano son factores que pueden ayudar a conectar más rápido la corteza prefrontal. No obstante, queda manifiesto que esto sucede más por necesidad de adaptación que por un proceso de fisiología. Saltarse etapas del desarrollo humano, como pasar de la adolescencia a la edad de madurez sin pasar por la juventud, hace que el cerebro proyecte en algún momento la incapacidad del rendimiento, generando vulnerabilidad, ansiedad, agresión, estrés o inadaptación a eventos mínimos.

Un mentiroso crónico que saca beneficio de su mentira ya no se pone nervioso ante el contacto visual de sus interlocutores y es capaz de generar valores correctos ante la falsedad de sus dichos. Un mentiroso es una persona insegura, paradójicamente trata de sentir seguridad al repetir y actuar sus mentiras, incluso puede convertirse en un mitómano.

Un cerebro puede amar a dos personas al mismo tiempo, sin embargo, jerarquiza el cariño. A la persona que se quiere más se le otorga más tiempo de atención y mayor calidad de cuidados. Marisela se enamoró de Reinaldo, él fue el hombre que le mostró el significado de la palabra pasión y la reinventó como mujer. Esa relación que vivió en paralelo a su matrimonio generó un gran conflicto en su proceso cognitivo y establecimiento de reglas sociales. Se sintió sucia y culpable, y esto le generó una sensación de frustración. Buscaba proyectar vulnerabilidad para evitar ser juzgada por los demás. Encontró explicaciones particulares para sus sentimientos de culpa y vergüenza en diferentes etapas de su vida, lo cual modificó conexiones neuronales del hipocampo y la corteza prefrontal que la hicieron más hipersensible a las críticas de los juicios morales.

La infidelidad es un proceso que tiene bases biológicas y psicológicas con reforzamientos sociales. El cerebro es el órgano de la infidelidad, sin embargo, existen algunas diferencias entre el origen de la infidelidad de las mujeres y el de los varones. Una mujer es quien escoge a la pareja. Debido a que las mujeres tienen un ciclo biológico de reproducción más corto que el de los varones, sus estrategias neurobiológicas para seleccionar a la pareja están más diversificadas. Las mujeres pueden oler la proteína denominada complejo mayor de histocompatibilidad, una proteína relacionada con la identificación de las células propias para descartar y combatir bacterias, virus o células cancerosas. Cuando una mujer huele a un hombre, ella es capaz de identificar si ese hombre le conviene biológicamente. Este proceso inmediatamente está relacionado con la liberación de oxitocina y dopamina en el cerebro. Por eso, cuando huelen a personas que les son sumamente atractivas se sienten emocionadas, adictas a la presencia de esa posible pareja y a la sensación de que pueden crear un vínculo afectivo muy fuerte.

La atracción no es resultado solamente de la evaluación física de la persona; para una mujer, un hombre atractivo es el que posee genes diferentes a los suyos. El corto tiempo en el cual una mujer se puede embarazar a lo largo de su vida ha hecho que tenga una estrategia neurobiológica para escoger a la pareja con mayor eficiencia. Sin importar si un hombre es visualmente atractivo, si tiene esta proteína diferente a la suya puede despertar el deseo sexual de una mujer, ya que ese hombre puede otorgarle genes para diversificar el material genético en futuras generaciones. De esta manera, las mujeres sienten atracción sexual hacia hombres que para otras personas no son atractivos. Esta es una de las grandes diferencias del origen de la infidelidad entre hombres y mujeres, ya que el proceso de selección de pareja de las mujeres es muchísimo más selectivo y biológicamente mejor adaptado respecto al de los hombres, que depende mucho de los niveles de testosterona y la apreciación visual que tienen de la posible pareja. La mujer además evalúa el reconocimiento social del hombre, el cual comúnmente siempre va a ser mayor en la reflexión del amante que de la pareja que originalmente se encuentra unida a ella.

El ser humano es la única especie monógama en todo el proceso de evolución biológica. La corteza prefrontal ha otorgado que el proceso de la fidelidad sea premiado con decisiones inteligentes. Nos ha convenido como especie ser monógamos, lo cual se ha relacionado con una mejoría en la convivencia como especie, incrementando la expectativa de vida respecto a los primeros humanos en este mundo. Ser monógamo es uno de logros más importantes que los procesos psicológicos y sociales han contribuido sobre el control biológico. En el caso de los varones, los altos niveles de testosterona y vasopresina se han asociado a la expresión de algunos alelos genéticos, como el RS3-334, que se asocian a relaciones superficiales, infidelidad y promiscuidad. Sin embargo, la infidelidad también tiene una marca muy importante de copiado social: comúnmente, si el padre o los abuelos manifiestan conductas infieles, los hijos o nietos asocian el proceso con un patrón de copiado. Es decir, si el proceso biológico se relaciona con aspectos de aprendizaje, también el cerebro aprende a ver a la infidelidad como un evento más natural y es capaz de perdonarlo o entenderlo. Esto no es justificarlo y tampoco quiero decir que es un proceso que sucede siempre de la misma forma y que no hay determinismos. Cada persona tiene una historia de infidelidad distinta, no existen cartabones. Una persona infiel está buscando diversificar la experiencia amorosa motivada por un estado neuroquímico del cual se aprende. Si la infidelidad otorga procesos positivos entonces esta se juzga con mayor tolerancia y se desensibiliza más rápido con el tiempo, es decir, un infiel aprende con el tiempo a ser más tolerado y mejor aceptado.

Comúnmente, una persona infiel tiene datos de narcisismo; el cerebro quiere seguir siendo admirado. Al mismo tiempo que impone sus mentiras para guardar sus intereses, el cerebro de un infiel trata de no sentir culpa. Los adultos narcisistas suelen tener antecedentes de una infancia que se caracteriza por la falta de cariño de la madre, aunque pueden tener una relación positiva con el padre. Cuando son adultos buscan tener apegos seguros. Los narcisistas hablan con frecuencia sobre problemas con sus padres en la infancia.

Tal vez el cerebro nunca acepta ser engañado, pero sí lo perdona. Los que sufren de culpa son aquellos que durante mucho tiempo se sienten responsables y consideran que sus actos han sido graves. Cuanto más frecuentes son los remordimientos de la conciencia, más suelen pedir perdón. Estudios recientes en el campo de las neurociencias indican que sentir vergüenza se asocia poco a poco con la depresión y hostilidad. El cerebro también es el sitio de la empatía: la corteza dorso lateral prefrontal y la parietal superior e inferior se activan cuando otorgamos el perdón. Cuando nos sobreponemos a las injusticias o pedimos una disculpa de manera sincera, el cerebro suele tranquilizarse y otorgar el perdón con mayor facilidad.

Existe una relación muy importante entre la edad del cerebro y la facilidad con la que otorgamos una disculpa. Los ancianos son más empáticos y su carácter más afable, fácilmente otorgan el perdón; somos más indulgentes cuando vamos envejeciendo. Los individuos indulgentes tienen una salud física mucho mejor y una experiencia psicológica de adaptarse a los problemas de una manera más dinámica. La mayoría de las veces, las víctimas valoran los sucesos de forma diferente a como lo hace y lo mide el agresor o el mentiroso. Lo que queda muy claro es que ante una relación de calidad, las personas reconocen su comportamiento y su culpa más rápido y muestran arrepentimiento sincero. De esta manera, si hay una excelente relación la gran mayoría de las personas maduras están dispuestas a perdonar. Sin embargo, hay factores que difícilmente pueden llegar a perdonarse, como la muerte, el maltrato y la violación.

Tener altos niveles de serotonina favorece la convivencia. Si también hay concentraciones adecuadas de oxitocina en el cerebro, la sensación de bienestar nos hace ser más refractarios a los problemas sociales. Pero también sabemos que una deficiencia de serotonina se encuentra detrás de conductas agresivas, de un estado de ansiedad o de un trastorno de la personalidad como la depresión. Por eso, muchos antidepresivos pueden ser suficientes para recuperar de alguna manera la confianza y la sensación de plenitud. Los principales operadores de oxitocina son la lactancia, los abrazos y el orgasmo. Los tres por separado facilitan los sentimientos de cercanía y confianza. Las personas con diagnósticos de esquizofrenia, trastorno de espectro autista o depresión también presentan bajos niveles de oxitocina. Cuando una persona no tuvo una lactancia adecuada, no fue abrazada o el contacto social fue pobre durante la primera etapa de su vida, tiene una mayor probabilidad de que en su vida sexual tenga dificultad para tener orgasmos. En la etapa adulta, el cerebro trata de limitar esa ausencia con personas que otorgan atención, amor o desarrollan actividad sexual. Una infidelidad puede estar enganchada no solamente con la persona que sexualmente sea más atractiva, sino la que otorga mayor calidad de atención y seguridad.

CAPÍTULO 7

La banal discusión

Es sábado, una hermosa noche de octubre, son cerca de las ocho de la noche en uno de los restaurantes más prestigiados del sur de la ciudad. A la luz de las velas, el sitio es encantador, luce pletórico, la vida social que lo envuelve lo hace sumamente atractivo. El movimiento rápido de los meseros hace ver una gran actividad de los comensales, se escuchan risas, al fondo del restaurante un piano ameniza la deliciosa velada romántica.

En una mesa del fondo, una pareja compuesta por Tamara y Norberto se encuentra terminando la cena. Tamara es una mujer sumamente atractiva, cerca de los 28 años. Luce un peinado radiante, un cutis fresco, una sonrisa envidiable y una inteligencia maravillosa. Norberto es dos años mayor que ella, apuesto, de pocas palabras, pero muy franco y honesto. Luce un suéter negro, camisa blanca con corbata roja, casual pero elegante. Está sumamente enamorado de Tamara. Llevan un año de novios, la relación se ha formalizado y esta es una noche común y corriente para ellos. Tamara decidió estar con Norberto después de que él estuvo prácticamente dos años invitándola a salir, enviando mensajes y, en algunas ocasiones, regalos pequeños. Las familias de ambos se conocen perfectamente, incluso ellos tuvieron su primer contacto visual cuando tenían 13 años. Se cayeron muy mal y hacían todo tipo de referencias negativas uno del otro. No obstante, el tiempo y las circunstancias los han puesto en situaciones semejantes: ambos son gerentes de una firma bancaria. Esto los ha llevado a tener muchos elementos en común en lo profesional y, gradualmente, como pareja. La pareja se siente sumamente comprometida uno con el otro, y entre sus planes se encuentra un futuro matrimonio. Esa noche mágica está a punto de ser testigo de uno de los elementos más comunes de esta relación: las discusiones.

"¿Qué tal la cena, mi amor?", preguntó Norberto.

"No estuvo mal, pero me has llevado mejores lugares, Beto."

"Bueno, sí, ¿pero qué tiene de malo este lugar?

"No confundas, yo solamente te digo que hemos estado en mejores sitios," respondió Tamara.

"Tam, ¿por qué a veces siento que nada te llena, que nada te gusta?"

"A ver, vas a comenzar a defender lo indefendible. Un simple comentario a una pregunta estúpida. Sólo eso, Beto."

Norberto la miró de reojo, limpiándose cuidadosamente las comisuras orales con la servilleta: "En verdad, Tam, que no te entiendo. Tú fuiste quien me enseñó la fotografía de este restaurant por internet."

"Eso, así es. Yo solamente te enseñé una fotografía, no sé por qué asumes que yo quería estar aquí, ¡que yo deseaba estar aquí!" La voz de Tamara subió de tono y ambas manos giraron alrededor de sus hombros.

"Sí, perdona, yo tengo la culpa. Tienes razón, tú nunca me pides nada." El tono de voz varonil de Norberto expresaba cierto grado de sarcasmo.

Tamara se llevó las manos a la altura de su cara y las entrelazó: "No sé de dónde viene ni la observación obtusa, ni tus preguntas estólidas, ni tu tono burlón." Lo miró fijamente detrás de sus manos, esperando una respuesta. Abrió sus ojos cafés claro con mayor intensidad, su respiración se hizo profunda y rápida, su tono de voz se modificó.

"Empezaste como la semana pasada, cuando te..."

Tamara lo interrumpió intempestivamente: "¡Ah, la semana pasada!", subió aún más el tono de voz, "¿Quieres que te recuerde lo que me prometiste el 28 de mayo?"

"Tamara, por favor, baja la voz, no hay necesidad de ofuscarnos."

"No, pues, ¡no te conviene, mi rey!"

"Está bien, está bien, cerremos esta conversación. No nos va llevar a ningún lado, mi amor."

Tamara dio un golpe en la mesa con los puños, lo cual hizo que los meseros cercanos a ellos inmediatamente voltearan a ver a la pareja. "¡Claro!, como ya no te conviene seguir discutiendo, ¡el señor da por cerrado el tema! ¡Pues no, Norberto! Es el momento de ponerlo en la mesa, lo que pasó en mayo, de tu promesa y falta de compromiso."

Norberto no recordaba nada, trataba de hacer memoria de la fecha que Tamara mencionaba. Se sentía en aprietos, la ansiedad lo empezaba a dominar. Sutilmente se aflojó el nudo de la corbata, tratando de ganar tiempo y mejorar su respiración. Un leve sudor se asomaba en su frente. Tomando un sorbo de café para humedecer su boca reseca, argumentó: "Mi amor, en verdad no me acuerdo, pero si tú me dices de qué estamos hablando, es el momento de solucionarlo."

Parecía que Tamara había visto a un monstruo, su enojo era evidente y, gritándole, le dijo: "¡Claro, aquí tienes a tu estúpida!, ¡a tu idiota!, bien me lo decía mi madre, que no tienes tamaños para sostener lo que prometes." El restaurante en ese momento se convirtió en una fotografía, todo mundo volteó a la mesa de la pareja. Sólo se escucha el piano, después un silencio que raya en lo aterrador.

"Mi amor, por favor, cálmate, ¡por favor! La gente nos ve, mira, si tú quieres..."

Tamara lo interrumpió nuevamente de forma violenta: "¡Qué me importa la pinche gente!"

La pena y vergüenza hicieron reaccionar a Norberto: "Mi amor, da por hecho lo que tú quieras, pero en este momento no me acuerdo, pero tranquilízate, por favor. Mira, si tú quieres..." Tamara se levantó de la silla, señalándolo con su dedo índice derecho: "Estoy harta de tus olvidos, de tus omisiones, de tu ausencia, de tu falta de compromiso. Desde hace varios días las ideas en mi cabeza no son objetivas por tu culpa. Me voy, no me busques más, terminamos, Norberto. No, te lo voy a decir bien, yo te termino."

Dicho lo anterior, Tamara tomó su bolsa y salió rápidamente del restaurante. La mitad de las personas, entre divertidas y sorprendidas, la siguieron con su mirada hasta que desapareció por la esquina de la calle. La vida mundana del restaurante continuó.

Norberto, tranquilo, terminó su café, pidió la cuenta, la pagó. Se acomodó su corbata, salió del restaurante, pidió el auto y encaminó hacia el norte de la ciudad. Tres cuadras adelante, Tamara estaba parada cerca de la entrada de una tienda de conveniencia, cubriéndose del frío y viendo con detalle todos los autos que pasaban por la calle. Al descubrir el auto de Norberto, ella levanta la mano, el auto se detuvo y ella subió rápidamente.

"No puede ser, Tamara, no podemos seguir haciendo esto, tengo que buscarte en la calle, un día algo malo te va a pasar."

Tamara, llorando, con voz casi infantil, le respondió: "Tú me provocas ser así. Me maltratas y luego me haces pasar estas vergüenzas."

"Pero es que yo... ni siquiera te dije nada."

"Eso, ¡no haces nada!"

Norberto, manejando, prefirió quedarse callado con la intención de que Tamara se tranquilizara. Encendió la radio, pero Tamara la apagó inmediatamente: "No me ignores..."

Norberto tomó el volante con la mano derecha, con la izquierda empezó a tocarse la frente, aún preocupado porque no se acordaba qué le prometió el 28 de mayo. Tamara, sollozando, sentada en el lugar del copiloto, alternaba su mirada entre Norberto y el paisaje de la ciudad. Así, 30 minutos después, el viaje casi llegaba a su fin. Norberto le dijo: "Amor, vamos a tranquilizarnos y platicamos mañana, ¿te parece?"

"Está bien, solamente prométeme algo."

Norberto pasó saliva, nervioso y asertivo. "Lo que tú quieras, mi amor."

"No vuelvas a terminar conmigo."

Norberto estaba sorprendido: "Mi amor, yo no terminé contigo, tú fuiste quien..."

Tamara lo interrumpió: "Ya no quiero discutir, si yo digo que tú terminaste conmigo es que tú empezaste las cosas. Así que, si quieres seguir esta relación formal, acepta lo que te estoy diciendo y ya no me hagas enojar."

"Está bien."

"¿Está bien qué?"

"Ya no voy a discutir y no voy a terminar contigo", Norberto esbozó una sonrisa infantil.

"Está bien, pídeme perdón."

"Pero, Tam..."

"Pídeme perdón, Norberto."

"Perdóname..."

"¿Así, nada más?"

Norberto estaba aún más sorprendido: "Perdóname, Tamara de mi vida, no lo volveré a hacer."

"Mira, Norberto, no te aproveches de que te quiero tanto, cuídame."

Afuera de la casa hizo alto total, había pasado ya casi una hora de la discusión en el restaurante, ambos platicaban ya de otras cosas. Después de una larga sesión de besos y volverse a decir cariños y mimos, Tamara descendió del coche y se asomó por la ventana: "¿A qué horas pasas por mí mañana?"

"A la hora que tú me digas, mi amor."

"A las tres, ¡quiero ir al cine!"

"Lo que tú me digas, mi amor."

"¡Buenas noches, mi vida!"

"¡Buenas noches, mi amor!"

Tan pronto Tamara se metió a su casa, Norberto puso en marcha el auto y aceleró. Una mezcla de sentimientos cruzaba sus pensamientos. Pensaba en donde inició el altercado, lo común que eran sus discusiones y la manera en la que Tamara ganaba los altercados con su violencia. En ese momento empezó a preocuparle otra cosa más: no se acordaba, ni tenía la menor idea, ¿qué prometió el 28 de mayo? Empezó a sentirse angustiado, aceleró más su automóvil. "Mañana será otro día..."

¿Qué sucedió en el cerebro de ambos?

El enojo es una respuesta del cerebro ante una disonancia cognitiva. El enojo puede ser proactivo o reactivo. Emana de las partes menos inteligentes del cerebro y atrapa respuestas inmediatas que no necesariamente son las mejores analizadas. Depende de nuestros niveles neuroquímicos (75% es interpretación), del horario, de la presencia de terceros, de la época del año y de satisfactores inmediatos.

Comúnmente, el cerebro quiere ganar una discusión o evitar la culpa o la vergüenza. La mayoría de las discusiones se deben a que cada cerebro sabe detalles que los otros ignoran.

Reaccionamos de la manera más habitual: engañosos y ofensivos. Esto depende de la cultura y aspectos psicológicos de cada persona, la subjetividad del momento.

Discutir enojados tiene etapas en el cerebro:

1. **Incremento en la velocidad de pensamiento:** pensamos más rápido, pero disminuimos la objetividad. La amígdala cerebral, la parte del cerebro que inicia las emociones, analiza todo como amenaza. La corteza prefrontal progresivamente pierde proyección social, se toman las amenazas o faltas como personales, incrementamos la sensibilidad autobiográfica, como si fuéramos paranoides, todo gira entorno a nosotros, a la lesión de nuestra individualidad.

La adrenalina se libera de forma rápida y el metabolismo cerebral aumenta. Se elimina la atención global y ponemos atención en detalles. El hipocampo hace recuerdos inmediatos y mezcla tiempos, palabras, espacios y personas. La dopamina favorece la atención selectiva a lo emocional, en especial a las palabras, groserías o amenazas. Esta emoción tiene una meta, amplifica la memoria de los detonantes emotivos. El incremento agudo de serotonina genera obsesión, activando al giro del cíngulo para interpretar emociones, palabras, incluso miradas. Es la etapa de amenaza subjetiva y emoción negativa. Esto depende de la edad, los detonantes y del contexto de la situación.

Los cerebros de las mujeres entienden más rápido las palabras y la prosodia, y hablan mucho más que los varones (32 mil palabras cada 24 horas contra menos de 15 mil palabras de los varones). Las áreas de interpretación del lenguaje en el cerebro de las mujeres están más conectadas. Asimismo, cerca de su ovulación, son aún más claras para hablar y más agudas para entender. Una mujer sí cambia su discusión de acuerdo con la etapa de su ciclo menstrual. Por ello, el cerebro de ellas está diseñado para entender e interpretar las palabras y las emociones que las acompañan.

2. **Prosodia y verbalización:** la manera en la que escuchamos las palabras gradualmente va perdiendo atención objetiva, incrementando la selectiva. Es decir, empezamos a escuchar lo que nos conviene, y lo que no, lo incrementamos emocionalmente y lo interpretamos como abuso, grosería o falto de respeto. Por eso subimos el tono de voz y lo normalizamos (por ejemplo: "¡Así hablo!"). Las voces

agudas cansan y desesperan más al cerebro, en especial los lóbulos temporales inician a desensibilizarse. Una persona que discute llega a cansarse más rápido si alguien llora o tiene voz muy aguda. Por esta razón, el cerebro cambia el tono, la expresión y el lenguaje corporal, queremos influir tanto que la voz nos puede temblar. Los individuos que más discuten empiezan a hacerlo desde los 8 a 12 años, y el desarrollo es hasta los veinticinco años. Existen distintos factores que detonan y cambian las discusiones: hambre, sueño o estrés incrementan el estado de irritabilidad en el individuo, la verbalización cambia y la interpretación de las palabras también. Aparecen las groserías o los adjetivos hirientes con mayor intención, tanto de quien los dice como de quien los recibe. En esta etapa, el cerebro va a recordar toda la vida cuando alguien le ofenda, paradójicamente, muchas palabras se están interpretando. Por esto, lo que para uno fue un significado dirigido a algo o alguien, para el otro la interpretación puede ser diametralmente opuesta.

Los cerebros de las mujeres tienen más grande el hipocampo, el área tegmental ventral, el cuerpo calloso y el giro del cíngulo, es decir, recuerdan más en menos tiempo, se emocionan más que un varón y activan con mayor eficiencia los hemisferios cerebrales, interpretan con mayor capacidad neurológica las emociones. Los varones tienen más grande las amígdalas cerebrales, asimismo, sus altos niveles de testosterona los hace iracundos, posesivos, dominantes y más violentos, reactivos y proactivos comparados con las mujeres. Una mujer discute con elementos persuasivos, cognitivos y emocionales, un varón lo hace con lenguaje verbal y corporal más violento, puede llegar a la etapa de gritos y golpes de manera más rápida.

3. **Gritos:** las amígdalas cerebrales se activan, en especial los núcleos centrales, ganándole a las partes más inteligentes del cerebro (prefrontal, ventro medial y áreas asociativas). Se activan áreas cerebrales detonantes de emoción (área tegmental ventral y el núcleo accumbens) y disminuye la memoria a corto plazo. La corteza prefrontal disminuye significativamente su función en promedio durante 25-30 minutos. No hay objetivos de análisis, sólo descripción. En otras palabras, al cerebro le disminuye su inteligencia y sus frenos. El hemisferio cerebral derecho mantiene mayor actividad (menos realista, búsqueda de reacción, eventos menos pensados). El cerebelo, una parte del cerebro que nunca está presente en la objetividad, se mete a discutir obviedades y tonterías. El hipocampo se pone a analizar detalles de memoria o pensamientos anacrónicos. Se activa el sistema nervioso simpático: incrementa la actividad cardiaca, la respiratoria, la sudoración, disminuye la motilidad intestinal y se seca la boca. El cerebro piensa más rápido de lo que habla y está a punto de detonar su violencia. Los ganglios basales toman control de actividades y pensamientos al reverberar los ciclos de atención. Repetimos, repetimos, damos vuelta, proyectamos sólo lo que nos conviene y se vuelve el proceso en un ciclo interminable de volver a empezar la discusión.
4. **Golpes:** ya no hay control prefrontal, el cerebro se vuelve completamente límbico, como el de un gato. La inteligencia no existe en la violencia. Entre niveles más altos de testosterona se desencadena más violencia. El cerebro

de los humanos llega a ser el prototipo de agresor de su propia especie, se convierte en el depredador de sus congéneres, el hecho de ganar ya es una fuente inmediata de placer al causar un daño o la muerte. Se activan mecanismos neuronales que son comunes en un trastorno cercano a la psicopatía, cuando se busca placer al realizar una agresión, semejante a lo que sucede cuando el individuo afectado por la ira asocia su furia con la toma de fármacos o se encuentra dentro de una adicción. En un adecuado estado de salud mental y una corteza prefrontal sana, la fase violenta se puede limitar. En personas educadas, con más experiencia o con control de la situación, la violencia nunca llega. Las personas con una infancia apropiada, que crecieron en ambientes de adecuada salud mental, huyen de la violencia.

La impulsividad tiene una relación directa con los niveles de dopamina, mientras más altos sean los niveles de este neurotransmisor, el individuo actuará con menos lógica, por lo tanto tiene menos congruencia y cede a sus impulsos, llegando a ser más violento, más agresivo. Si hay adrenalina se impulsa más rápido el detonante violento. Los individuos más violentos tuvieron una etapa difícil en la formación de redes neuronales, el periodo crítico fue entre los 8 a 12 años de edad.

Al ser expuestos a un estrés agudo, los hombres se vuelven mentalmente más activos, es el único momento en que se invierten los niveles de actividad cerebral, ya que la mujer disminuye el número de neuronas activas, en especial en el hipocampo, en dichos momentos. Otro factor importante son los niveles de cortisol. Cuando se presentan situaciones apremiantes se elevan los niveles de cortisol, la interpretación de los actos se vuelve más agresiva por parte de los varones.

5. **Llanto:** no en todas las discusiones se llega al llanto. Es 75% más frecuente en las mujeres, 90% más fácil cerca del ciclo menstrual. Los varones comienzan a llorar con mayor facilidad después de los 35 a 38 años. Varios componentes están involucrados: la sensación de vulnerabilidad, la necesidad de una explicación, procesos culturales, subjetividad y la búsqueda de limitar el detonante. Somos la única especie que interpreta las lágrimas de nuestro interlocutor. El giro del cíngulo, una estructura muy especializada en nuestro cerebro, les da interpretación a las lágrimas. Si hay salud mental, nos ayuda a calmarnos, hacernos sensibles, ser empáticos y solidarios con la persona que llora. A los 500 ms (es decir, la mitad de un segundo) de la primera lágrima, el cerebro empieza a tranquilizarse. Es la única manera de decirle a la amígdala cerebral que se calme, que se tranquilice; a través de un lenguaje de interpretaciones: ojos húmedos, nariz arrugada, mirada triste, cambio de voz. De esta manera se busca tranquilizar tanto al agresor como al agredido. El metabolismo cerebral se incrementa hasta 25%, es decir, trabaja más rápido, consume más glucosa y oxígeno con el objetivo de cambiar la función del enojo y modificar la furia, pero también buscando empatía. Llorar nos hace más humanos porque es la manifestación de la vulnerabilidad que tiene el cerebro y espera que los demás la entiendan. Después de llorar es común sentirse cansado, esto es lo que evita más discusiones, permite aceptar veredictos con mayor

facilidad y favorece la disminución de las tensiones. El cerebro humano aprende esto de tal manera que puede manipular con lágrimas las discusiones.

Los niveles altos de testosterona de los varones les quita o disminuye el reflejo del llanto y la interpretación del mismo. Por eso, la gran mayoría de varones jóvenes no comparten la magnitud de la tristeza y les cuesta trabajo creer en la autoría de las lágrimas de los demás. Un hombre menor de 25 años que llora en una discusión puede ser que finja y no conmueva a los demás por el proceso. Esto no es un determinismo, pero los varones jóvenes necesitan de una gran estimulación negativa para iniciar el llanto.

6. **Calma:** 30 minutos después de una discusión violenta, de golpes, de llanto, vidrios rotos, muebles fuera de lugar y ropa desgarrada, ¿qué le pone frenos a la discusión? La corteza prefrontal. Para contrarrestar las situaciones de miedo, agresión, tristeza o estrés agudo, lo más apropiado es la liberación de oxitocina. Abrazar, besar y escuchar con empatía incrementan los niveles de oxitocina. No hay manera que un cerebro sano quiera seguir en la violencia después de 30 minutos. Las discusiones que no se limitan a ese periodo indican cerebros con mala salud mental, envueltos en un ambiente tóxico. Cerebros de personas con trastorno de la personalidad pueden continuar discutiendo por horas o por días. Un obsesivo puede discutir a cualquier hora, incluso despertarse para empezar nuevamente una pelea. Un depresivo puede continuar su tristeza crónica por meses, el denominador común es realizar procesos pasivo-agresivos (no hablan aun estando presentes, generando molestia, guturizaciones o gestos de

desaprobación), haciéndose la víctima o queriendo llamar la atención de los demás. En realidad su cerebro quiere ser mimado, aceptado y calmado con el enojo de los demás hacia el que considera como agresor. Un neurótico puede pasar agrediendo a los demás a la menor provocación, es el clásico que se enoja con uno y se desquita con todos.

Todos estos cerebros tienen en común una necesidad de reconocimiento y de amor. La mayoría de las parejas que discuten mucho comparten historias de desapego y abandono, de pobreza en estímulos y recompensas por parte de sus seres queridos más inmediatos. Las mentiras están a flor de piel, suelen ser deshonestos. Sus relaciones son tan complicadas que las personas a su alrededor suelen saber sus antecedentes de ira fácil y discusiones largas. Estos cerebros establecen apegos patológicos: piden incondicionalidad. La forma en la que se relacionan suele ser tan específica que la forma de otorgar el amor y la compañía es con base en el maltrato, abuso y golpes, es la única manera como muestran su fuente de oxitocina. Por ello, es tal su comportamiento que su cerebro nunca determina que su violencia sea atípica o tóxica. En otras palabras, su cerebro tiene placer a través de enojarse, discutir y violentar. Es la única manera que se sienten en comunicación con alguien, de sentir que su comunicación valió la pena. El problema es que los demás, en especial sus parejas, incluso los hijos o familiares cercanos, caen en la dinámica semejante y perpetúan esta forma de convivir y comportarse.

CAPÍTULO 8

Amor de lejos

Ricardo y Elisa se miraban y se volvían a besar, ambos lloraban por espacios pequeños y se tranquilizaban. Estaban en la sala de salida de vuelos internacionales del aeropuerto de la ciudad. Tenían dos años y tres meses de ser novios y su relación era casi perfecta. Se conocieron en la universidad, cuando ambos tenían 18 años. Por momentos se reían, platicaban de proyectos en conjunto, se volvían a decir promesas, se volvían a decir lo mucho que se amaban. No existía nada oculto, en verdad se amaban esos dos jovencitos. Ricardo volaba a Europa, un vuelo transatlántico lo llevaría al inicio de su maestría. Era necesario salir con tanta anticipación y dejarlo todo. Había concluido satisfactoriamente su licenciatura y la oferta académica que había recibido fue inmediata. Los dos sabían que se trataba de una propuesta increíble. Se amaban tanto que ambos habían cabildeado la posibilidad de casarse e irse juntos al extranjero; sin embargo, la familia de Elisa había presionado tanto que decidieron esperar. Todo había sucedido muy rápido, sólo tuvieron tres meses para preparar el viaje de Ricardo.

El momento crítico llegó: Ricardo tuvo que moverse a la sala de espera de abordaje del avión. El llanto fue más intenso y las promesas de amor más fuertes, complicadas y dispuestas a cumplirse. Un beso intenso en los labios fue su despedida. Él se metió llorando al túnel, ella abrazaba el libro que le había dejado, era un mar de lágrimas. Elisa le decía que lo esperaría y que se comunicarían todos los días, que la distancia nunca terminaría ese amor.

Ricardo viajó más de doce horas en un vuelo sin escalas, rápidamente se adaptó a la nueva ciudad, su departamento, compañeros y amigos. Tenían un desfase de siete horas: mientras en París eran las diez de la mañana, el reloj de Elisa marcaba las 3:00 a.m. Los primeros días no importaba el horario ni el cansancio, se comunicaban directamente a través del video. Se mostraron felices, se compartían todo, se prometían más. Elisa presumía a su novio, tenía un gran orgullo de haber podido conocer a ese hombre y ser parte de su vida. Constantemente decía que se casaría con Ricardo y que ambos vivirían en Francia. Elisa pensaba en su novio más de cuatro horas diarias, le escribía cartas, hacía planes y utilizaba las redes sociales para mandarle mensajes que serían contestados en un período de tiempo no mayor a 30 minutos. Las conversaciones nocturnas eran casi obligadas para Elisa. Ricardo tenía una fotografía de Elisa en su escritorio, varios recortes de sitios en donde había estado con su novia y fotografías junto a ella pegadas al pizarrón de corcho de su dormitorio. La lejanía lo hacía sentir más su ausencia. La extrañaba mucho, era motivo de sus conversaciones y de sus ganas de regresar a su país.

La tristeza gradualmente se fue convirtiendo en añoranza, ya no lloraban con tanta frecuencia, los mensajes fueron describiendo la realidad de cada uno de ellos. Ricardo ingresó casi inmediatamente a su nueva universidad, con una cantidad cada vez mayor de actividades para desarrollar y responsabilidades por cumplir. Sus exámenes académicos llegaron casi seis meses después de haber llegado, por lo que la comunicación se fue espaciando, de siete días a la semana a tres, con sólo una exposición de mensajes, hasta llegar a uno con una brevedad inusualmente corta. Ricardo ya no contestaba los mensajes por teléfono celular como lo hacía al principio, incluso los dejaba en "visto", por lo cual Elisa transitaba del gusto por enviarlo a la sensación de enfado, y luego a la tristeza e impotencia. Tan sólo habían pasado seis meses, la insistencia de Elisa pasaba de la incertidumbre a la obsesión por que le contestara. Cuando por fin era posible la comunicación, pasaban la gran mayoría del tiempo tratando de justificar por ambos el hecho de no sentir gusto por lo que estaba viviendo el otro. Esto iba subiendo cada vez más de tono hasta terminar en discusión, al grado que terminaban enojándose y ofendiéndose. La siguiente ocasión que se volvían a comunicar, cambiaban el tono y trataban de disculparse, de volver a empezar y prometer que no volvería a suceder. Esto se convirtió en un ciclo tóxico cada vez más frecuente de convivencia a larga distancia, el inicio de una relación a la lejanía que incrementaba poco a poco la violencia verbal y la intolerancia.

Elisa pasaba de sus reclamos a comunicarle su enojo por no obtener respuestas, a la amenaza de no continuar la relación. El ciclo se cerraba cuando, después de llorar y cansarse de varios ultimátum, recibía las disculpas de Ricardo y comenzaba un nuevo ciclo de promesas que evidentemente no se cumplían. Ricardo también pasaba gradualmente del cansancio físico y emocional del posgrado a escuchar de su novia constantes reclamos e intolerancia. Iba comprendiendo que le costaba cada vez más convencerla de que su atención estaba en su labor académica. Los recuerdos lo hacían sentirse aún enamorado de su novia a la distancia, sin embargo, cada vez era más intolerante y violenta verbalmente, lo amenazaba y la situación por momentos se hacía insoportable.

Al año del ingreso de Ricardo a la universidad europea, la comunicación con Elisa quedó totalmente fracturada. Se comunicaban cada dos semanas, cada vez de una manera más fría, ya no se prometían regalos, viajes o regresos. Ella no le decía con tanta frecuencia que lo amaba, él apenas esbozaba un "te quiero". Por otro lado, Elisa había pasado del enojo a la desesperanza, su entorno social le hacía ver que esta falta de comunicación era porque el interés de Ricardo se perdía poco a poco. En específico, Ricardo había conocido a cuatro diferentes mujeres de diferentes países, incluyendo amigas dentro del campus universitario. Efectivamente, su atención sobre Elisa había disminuido por conocer a personas nuevas. En contraste, Elisa se obsesionaba con Ricardo y por momentos sus celos le hacían perder la objetividad. Ella tenía una constante necesidad de comprobar que tenía razón, lo cual le fue generando una obsesión.

El primero en decir sentirse mal con la relación fue Ricardo, él le pidió a Elisa reconsiderar el noviazgo de esta manera, lo cual para Elisa fue una afrenta muy grande. Esto motivó un incremento en la utilización de groserías, violencia verbal y amenazas por parte de ella. Ricardo sentía cómo Elisa se hacía cada vez más intolerante y confirmaba que la distancia había empeorado las circunstancias, pero jamás imaginó recibir tantas amenazas.

Ricardo fue quitando las fotografías que tenía en su cuarto, las fue sustituyendo por fotos con sus nuevos compañeros y amigas. En un lapso de seis meses más, Ricardo terminó por quitar la fotografía de Elisa de su escritorio. Él sentía que el amor se había transformado en una sensación de agobio, enojo y pena. No estaba dispuesto a tolerar más los adjetivos negativos con los que Elisa lo había definido la última vez que habían hablado: irresponsable, mentiroso, poco hombre, débil, estúpido, malnacido, idiota, incapaz. Si bien él no había dado respuesta a cada uno de ellos, tenía claro que también había utilizado malas palabras cuando lo había ofendido Elisa. Además, sentía claramente que ella no podía entender su cotidianidad porque ella no la había vivido; no se percataba de su realidad y de las dificultades de estudiar un posgrado de alta exigencia, que él estaba muy comprometido en la competencia de otros extranjeros llevando la misma evaluación académica.

Lo que parecía imposible sucedió, ambos sabían que la distancia era un hándicap en contra de su relación. Pensando que la comunicación podría llevarse a cabo a través de la inmediatez de las redes sociales, la computadora y los teléfonos celulares, no consideraron la inversión de tiempo necesaria de cada uno de ellos, la asimetría del tiempo que interfiere con la comunicación directa, ni la dificultad y el cansancio por la diferencia de horarios. La hermosa relación que tenían y que eran capaz de llevar a diario se vio afectada por la lejanía. Ahora tienen incertidumbre, cada vez es más evidente que el principal sustrato y detonante de lo que les está sucediendo fue la mala comunicación. La incapacidad de los dos de solventar la ausencia les hizo entender que el amor de lejos, de la manera que lo llevaron, estaba destinado al fracaso.

Un año y dos meses después, Ricardo empezó a salir con Margot, ya no sentía el compromiso ni la necesidad de explicarle a Elisa. Él se sintió libre sin dar una dilucidación, no había necesidad de entregarla dado que se sentía ofendido y sin obligación a continuar ese noviazgo que se había convertido en un caos y una manera mutua de agredirse. Elisa comprendió que después de 11 mensajes y 17 correos electrónicos enviados, la mayoría sin ser vistos y mucho menos contestados, no había necesidad de seguir insistiendo.

Ambos cambiaron, modificaron la manera de verse, incluso de recordarse. Habían pasado sólo 14 meses, era increíble cómo la ausencia había convertido en otras a dos personas que decían haberse comprometido y amado tanto. Para Ricardo fue muy fácil rehacer su vida, incluso no pasó ningún proceso de tristeza, había sido suficiente con el hecho de haber viajado, de ser tratado por otra cultura y otras personas. Para Elisa fue más difícil, se sintió engañada sin saber por qué, ofendida, reactiva y por momentos humillada. No sentía necesario tanto dolor, pero la mezcla del recuerdo de Ricardo iba desde el amor al odio, de la pasión a la tristeza, una dicotomía constante. Su nombre fue poco a poco olvidándose de su vocabulario. Tardó nueve meses en sentir que podía volver a amar a otra persona.

¿Qué sucedió en el cerebro de ambos?

La ausencia de un beso, del contacto físico y de la retroalimentación constante de ver el rostro de una persona amada disminuye la liberación de oxitocina, dopamina y noradrenalina en el cerebro de la pareja. La ausencia no combina con el amor. Es necesario el contacto físico para que el apego se mantenga y madure, es importante que la motivación y la necesidad de ver a la persona se mantenga constante. Las personas que pueden trascender a relaciones más firmes generalmente son estables ante la ausencia. Son personas que han trascendido del enamoramiento al amor verdadero, al amor maduro.

En promedio y sin llegar a determinismos, el enamoramiento otorga elementos de obsesión, inmediatez y egoísmo. El cerebro enamorado solamente proyecta a otra persona las necesidades que se tiene de ella, sin objetivo y sin razonamiento puede aceptar muchas cosas, pero esto cae o disminuye en el momento que la concentración de dopamina se reduce después de los tres años de relación. Por eso, 90% de lo que se promete cuando estamos enamorados no se cumple y, además de llegar a hacerlo, cuatro de cinco personas refieren arrepentirse de lo que prometieron y lo que cumplieron. La ausencia disminuye aún más rápido la neuroquímica del cerebro en relación al enamoramiento.

Un problema común es pensar que el amor depende de la comunicación en las redes sociales e internet: millones de personas creen que son medios infalibles para encontrar y mantener una relación de pareja. Quienes utilizan estos medios de comunicación para encontrar una relación refieren arrepentirse cuando dicen la verdad o son sinceros a través del ciberespacio. La gran mayoría de las personas que utilizan internet para encontrar o mantener una relación mienten sobre aspectos básicos de su persona como la edad, la apariencia, la profesión, el peso o su estado de ánimo. El engaño a favor de su persona es primordial en el cortejo de la gran mayoría de las potenciales parejas. Por un lado, manifiestan que sus mentiras no son engaños; sin embargo, creen necesario hacerlo para atraer a una persona y ser potencialmente más atractivos.

Una pareja que utiliza correos electrónicos o mensajes inmediatos por teléfonos celulares indica que los mensajes no son totalmente fiables, las mentiras se convierten en un denominador común. El cerebro humano se vuelve impreciso cuando nos comunicamos por mensajes escritos, comúnmente solemos interpretar de acuerdo a lo que queremos, disminuimos la atención en datos importantes y ocurre que la comunicación no es de la misma magnitud de interés para ambos. Al inicio de una relación, la comunicación escrita puede ser muy entusiasta, pero rápidamente decae. Por eso, los mensajes escritos, cuando no fueron utilizados frecuentemente en la primera etapa del enamoramiento, pueden resultar tediosos y rápidamente catalogados como ofensivos en muchas relaciones. La gran mayoría de los mensajes enviados por correo electrónico o WhatsApp nos permiten engancharnos psicológicamente, sin embargo, el hecho de contestarlos en forma inmediata favorece más el entusiasmo que la generación de una mejor relación. Incluso una llamada telefónica no garantiza que una relación sea lo más exitosa posible a la distancia; siempre es necesaria la presencia, ya que ésta garantiza el éxito de los mensajes y las llamadas telefónicas. El hecho de que se carezca de sinceridad en una comunicación a larga distancia indica que, generalmente, la gran mayoría de las relaciones fracasa.

El cerebro necesita liberar oxitocina para el apego, la necesidad de pertenencia, la reciprocidad y para procesar eventos solidarios en una relación. La presencia de la persona, los abrazos, los besos, los orgasmos y las risas juntos son los principales liberadores de oxitocina en la etapa adulta. La ausencia, aun ante las promesas más fuertes, debilita al amor. La presencia de la persona amada genera oxitocina, genera paciencia, la que por momentos nos hace prometer cosas exageradas y tener altas expectativas de las personas. Por esta razón, ante la presencia de la pareja en un estado de enamoramiento intenso solemos responder con mucha vehemencia ante situaciones de las cuales quizá luego nos arrepentimos. Ante la ausencia de la pareja, la incertidumbre o el nulo contacto con la persona, las promesas no se hacen con tanta precisión, el miedo a la frustración es muy grande y suele acompañarse de una nula o poca capacidad para tener reciprocidad en la relación. Las parejas enamoradas que no se abrazan o duran tiempo ausentes suelen tener más períodos de incomodidad, inconsistencia y mayor probabilidad de mentirse por la falta neuroquímica del compromiso. Este proceso es diferente cuando la relación ha trascendido del enamoramiento y se encuentra en un estado madurez en el cual la ausencia incluso puede fortalecer algunos lazos entre la pareja. Todo depende de la madurez de la relación. Sin embargo, queda muy claro que la asociación entre juventud y enamoramiento sin oxitocina hace que las relaciones de pareja duren menos tiempo.

Estudios en el campo de la psicología indican que describir a la pareja con adjetivos negativos es prácticamente un indicio de que el cerebro está preparándose para que en menos de un año se genere la separación o el fin de la relación. De tal manera que utilizar adjetivos, apodos o seudónimos que sustituyen al significado real de la pareja generan conductas negativas.

La presencia de la persona amada permite también la activación de algunos núcleos cerebrales como el giro del cíngulo, que hace que evaluemos, cataloguemos y copiemos las actitudes de la pareja. En una relación en la que comúnmente se convive, después de seis meses ambas personas se copian actitudes y frases. Este es un proceso que favorece aún más la convivencia, la reciprocidad y la autoestima de ambos personajes. La ausencia o el abandono de la persona amada disminuyen la dinámica de intercambio y la evaluación del estado de ánimo por parte de redes neuronales hacia la persona amada, que a mediano y largo plazo contribuye a una disminución de la etiquetación de emociones. Para mantener una relación duradera y que soporte la ausencia temporal de la persona amada se necesitan habilidades psicológicas, paciencia y un esfuerzo constante. Una comunicación a distancia que no evalúa adecuadamente el estado de ánimo y las motivaciones de la pareja no funcionará. Es una paradoja que la inmediatez de comunicación pueda hacer que nuestras evaluaciones sean de la misma forma rápidas y someras. Este es el factor principal por el cual una relación puede terminarse a pesar de sentirnos comunicados.

Cuando la relación amorosa llega a su fin, algunas personas sienten que no tienen juicio, aman, odian, sufren y suplican. La ruptura y el desamor generan una presión sensitiva y psicológica. Podemos bloquearnos durante semanas o meses; nuestro estado de ánimo no puede ser mejorado por un sustituto de la persona amada. Debido a que el enamoramiento en sus inicios se encuentra en el sistema de recompensa del cerebro, generando un estado de motivación constante, perder a la persona amada cambia hasta la forma de ver lo más útil de la vida cotidiana. Sentirnos abandonados, aun sin tener confirmación, desestima la mayoría de los estímulos positivos; la gran mayoría de las personas busca confirmar el origen de su vulnerabilidad y culpabilizar absolutamente a la persona amada de su estado de ánimo.

Este estado se asemeja a una condición de abstinencia a una droga, por lo que la necesidad del cerebro de sentir nuevamente la felicidad y motivación hace que se busque de nuevo la fuente y el detonante que libera dopamina en nuestro cerebro. De no encontrarse, nos hace irritables, violentos, poco objetivos e irracionales. Perder el objeto amoroso intensifica la actividad de los circuitos cerebrales que generan deseos compulsivos a través de la ansiedad. La conducta demanda la atención de las personas que están a nuestro alrededor. Esto deriva en la percepción de que la mayoría de las cosas que nos suceden son peligrosas y tienen riesgos para nuestra vida, pasamos por un estado de inquietud y se genera una aceleración de nuestra frecuencia cardiaca y respiratoria. El sistema fisiológico se está adaptando para un estrés constante.

Este es el proceso más común por el cual explicamos que el amor se convierte en odio. Son las mismas redes neuronales, únicamente la interpretación del entorno se modifica. Amar y odiar no son polos opuestos, son parte del mismo contexto neuronal, son sentimientos próximos. En consecuencia, el cerebro empieza a buscar otras fuentes que otorguen la sensación de plenitud o modifiquen la realidad en la que nos encontramos por el terrible desamor. La desesperanza sin resignación y el dolor sin explicación llevan a muchas personas a buscar el olvido a través del alcohol, aislarse para que otros no vean su vulnerabilidad, caer en la apatía y engañarse a través de historias en internet, programas de televisión o maratones de series.

Resignarnos también es un proceso neuronal, las respuestas a la desesperación van generando la disminución de dopamina. El cerebro aprende gradualmente de la separación, de tal manera que la recuperación es más eficiente y mejor en las futuras relaciones cuando los sistemas neuronales ya han aprendido las motivaciones y consecuencias de nuestras decisiones. Ver de frente la realidad de los hechos permite que las redes neuronales sobre las cuales hemos identificado los fracasos, gradualmente se vayan atenuando y con ello disimular el dolor. El cerebro necesita aprender para hacer más eficiente su función; es tan importante saber que nos vamos a volver a enamorar como aprender del desamor. Cuando el cerebro se da cuenta que de nada valen ya los lamentos, comienza su tristeza y desesperación. Queda muy claro y de manifiesto que ambas sensaciones enseñan a recuperarse de manera más eficiente y con mejores estructuras de aprendizaje psicológico para el futuro. Por lo tanto, el fracaso en el amor es un proceso necesario para apreciar mucho mejor las relaciones.

Si una relación no soporta la distancia quiere decir que era una relación basada en el enamoramiento, motivada por elementos superficiales y temporales en nuestro cerebro. Cuando una relación es capaz de soportar la distancia y el tiempo, el regreso de la persona amada es uno de los satisfactores más importantes en su vida de pareja. En un marco de salud mental y madurez, una persona sabe otorgarle al amado su magnitud y su importancia en la vida. De esta manera, el amor verdadero se convierte en un sentimiento que marca inteligencia y madurez neuronal. El amor real –que sucede después del enamoramiento– es un amor que está fundamentado en la decisión, se encuentra diseñado y fisiológicamente trabajado en las partes más inteligentes de la corteza cerebral.

CAPÍTULO 9

La primera vez

La espera había sido demasiada, eran jóvenes, extraordinariamente bellos para sus ojos increíblemente seductores. César apenas tenía 17 años y Brenda 16. Tenían sólo dos meses de salir juntos, pero se conocían desde hacía año y medio. Cada encuentro entre ellos era una explosión, habían descubierto poco a poco su sexualidad. Ella pertenecía al grupo de danza de la preparatoria, él era el capitán del grupo de atletismo. Ambos perfectos en su fisonomía, intelectualmente íntegros y sin ningún tipo de adicción.

El día que habían escogido para iniciar su vida sexual era el cumpleaños de César, ese sería su regalo. Ambos eran núbiles; si bien ambos habían tenido parejas previas, no habían llegado a tal acercamiento corporal con ellos. Pero esta relación era diferente, estaban sumamente enamorados, comprendían esta parte inexorable, la deseaban, estaban dispuestos a adentrarse más en su relación. Por momentos se sentían cohibidos con sus amigos, por momentos se sentían sumamente estimulados. Su inexperiencia, asociada también a su inocencia, se convertía en una fuente increíble de placer.

Ambos estaban terminando la educación preparatoria, comprometidos con los estudios, disciplinados en sus actividades, con buenos sentimientos. César era hijo de una madre soltera que con mucho esfuerzo había logrado que el joven tuviera los elementos más importantes para seguir su actividad escolar. No tenía muchos privilegios económicos, pero sí gozaba de los principales elementos para sus estudios. Brenda pertenecía a una familia de cinco hermanos y es la menor de los hijos, lo cual le había permitido tener algunas prerrogativas que los primeros hijos nunca tuvieron, en especial ir a la escuela y prepararse. Ellos sabían que la única manera de sobresalir era prepararse académicamente. El amor en cualquiera de sus expresiones puede llegar a atrapar a un cerebro, de tal manera que un enamoramiento lo puede convertir en el elemento más hermoso y sutil que se encuentra detrás de las más grandes hazañas y, al mismo tiempo, el componente de los peores errores.

Escogieron una tarde lluviosa para uno de los hechos imborrables en el cerebro de cualquier ser humano. Ataviados con impermeables, entraron a un hotel. Los invadía la pena y la prisa. César pagó el alquiler de un cuarto, ambos subieron presurosos y nerviosos. Apenas estuvieron solos, después de una sesión de besos y abrazos se perdieron por una tarde juntos. Se decían palabras, se prometían cosas, se juraron amor eterno, jugaban con el tiempo y finalmente, poco a poco, se fueron quedando sin ropa. Si bien tenían intentos previos, era la primera vez que se veían desnudos, se admiraban entre ellos, se enamoraban y se besaban. Cada centímetro de su piel fue perseguido por cada poro de sus labios y de su lengua. Sus respiraciones cambiaron, sentían mariposas en el abdomen, se sentían mareados por momentos, inmersos dentro de una gran felicidad.

César fue tranquilo, paciente. Si bien la erección de su miembro viril era perfecta, Brenda fue cediendo al grado más importante de la excitación, cuya lubricación era lo suficientemente importante para decirle a ese hombre con el que tanto había soñado lo mucho que lo deseaba. Se fundieron en un beso largo y profundo y procedieron a manifestar la expresión más grande del proceso biológico entre un hombre y una mujer. La situación fue máxima para Brenda, había una sensación de placer y calor, de dolor y satisfacción, de deseo y ansiedad. César poco a poco fue generando un movimiento pélvico que lo hacía cada vez más inconsciente del tiempo. El placer era sumamente grande.

No sintieron el tiempo, ni la lluvia de afuera, ni el frío de un lugar ajeno a ellos. Jadeaban, sudaban, transpiraban, sus cuerpos se entremezclaban al tiempo que los sonidos de la gesta erótica que llevaban llegaron a la culminación. Brenda llegó a un orgasmo intenso. En el momento no lo supo a ciencia cierta, pero, con el aprendizaje y sus clases, se dio cuenta que había llegado a él. Sentía un gran mareo, adormecimiento de la boca, un grito constante y un dolor muy fuerte, una sensación urente y al mismo tiempo mucho placer incontrolable durante 10 segundos. Sus piernas le temblaban y era tal la percepción de su pelvis, una mezcla de querer parar el proceso y, al mismo tiempo, el deseo de continuarlo. César la miraba fijamente, cada vez que ella perdía la mirada, mordía sus labios, le besaba la espalda, le excitaba tanto que llegó al punto de no controlar más sus movimientos. Sujetaba fuerte su cintura y al mismo tiempo acariciaba su tórax... no pudo controlar la explosión, él también había llegado casi al mismo tiempo al éxtasis. Ambos amantes se quedaron viendo durante algunos segundos, se sonreían, se animaban, se decían palabras de amor. La entrega había sido más hermosa de lo que ellos habían pensado. Así de hermoso y bello, así de limpio y sincero.

Cuatro años después, Brenda decidió terminar la relación con César, ya no le interesaba ese muchacho que no había podido continuar sus estudios, no sentía amarlo o quererlo como al principio de su noviazgo. Brenda sentía que su relación se había estancado, ella deseaba más, seguir sintiendo la emoción y el regocijo que evidentemente se había perdido en el último mes. Brenda decidió iniciar una relación con Ezequiel, un joven apuesto, compañero de la universidad. Si bien la relación que Brenda tuvo con César empezó en forma increíble y gradualmente fue perdiendo pasión, ella recuerda su primera relación sexual como si hubiera sido ayer, esa experiencia con César transformó su vida. Si bien ahora ya no sigue con él físicamente, César se convirtió en un referente en su vida sexual. La relación de noviazgo culminó en buenos términos, incluso ambos pueden presumir que son amigos entre sí. Para César, Brenda fue una de las mujeres que más ha querido en su vida. Recuerda detalles de la relación con añoranza y los toma como parámetros de comparación. Para Brenda, César fue un buen amante, un mal novio, pero excelente amigo.

Brenda reconoce que en la vida se puede tener a muchas personas, específicamente en lo sexual se pueden hacer comparaciones entre ellas. Cuando la actividad sexual es con una persona que se ama, se admira, se quiere y le gusta físicamente, es más satisfactoria y generadora de apego. César se va a quedar para siempre en sus neuronas, aun cuando ella ya no esté con él, aun cuando ellos ya no se vuelvan a ver. Para Brenda su primera entrega quedará presente toda su vida.

Ambos reconocieron que los primeros contactos sexuales fueron increíblemente motivantes, adictivos y que tenían una magia que poco a poco se fue perdiendo. La relación fue evolucionando y madurando en muchos términos. Ese enamoramiento se fue acabando sin saberlo. Hoy que ya no existe, ese aprendizaje queda para algunas cosas positivas, por ejemplo, los fue preparando para relaciones futuras, para no cometer los mismos errores y valorar lo que se tiene. Dicen que el primer amor nunca se olvida. Realmente, la primera pareja sexual se va a quedar con nosotros en nuestra memoria por mucho tiempo –si no es que para siempre– en los recuerdos más motivantes e íntimos.

¿Qué sucedió en el cerebro de ambos?

En el proceso de enamoramiento, se incrementan neurotransmisores importantes para generar los procesos de excitación sexual: dopamina, adrenalina, serotonina, endorfinas y oxitocina. Un cerebro enamorado se prepara para tener actividad sexual, y entre más orgasmos se tengan, se establecen vínculos afectivos más fuertes. Incluso un cerebro con orgasmos genera procesos afectivos más intensos por su pareja. Los enamorados que tienen actividad sexual suelen incrementar sus conductas de cordialidad y satisfacción, esto es todavía mayor en las primeras relaciones sexuales. La magia de la neuroquímica del enamoramiento hace que las primeras relaciones sexuales incrementen significativamente la sensación de pertenencia. Esto es una de las grandes mentiras paradójicas del enamoramiento: en realidad se cree que se ha llegado al amor verdadero. Se confunde enamoramiento con amor, lo cual puede ser muy doloroso en etapas subsecuentes, cuando el enamoramiento sea menor y la separación o finalización de la relación pueda ser complicada.

En algunas ocasiones, durante el orgasmo, no se puede saber si se está experimentando placer o dolor, ya que se están activando áreas neuronales semejantes entre estas dos sensaciones. Increíblemente, esto es lo que le genera aprendizaje y placer simultaneo al cerebro y desea repetirlo. Estudios realizados a través de escáner cerebral, como la tomografía por emisión de positrones, han logrado identificar que el cerebro de las mujeres durante el orgasmo disminuye significativamente la agudeza auditiva, reduce la sensibilidad corporal y las áreas cerebrales como el lóbulo frontal, se desconecta momentáneamente. Esto dura muy poco, de siete a doce segundos. En contraste, los cerebros de los varones se convierten en generadores de mucho placer y una sensación increíble. Una mujer que jadea durante la actividad sexual incrementa la excitación de un hombre, esta es una de las comunicaciones sin palabras más importantes en la relación de pareja. Esta comunicación no tiene precedente en la generación del placer del varón, ya que es una invitación a continuar con el proceso en una magnitud cada vez mayor. Lo inverso, es decir, que él jadee, difícilmente llega a excitar a la mujer.

Los cerebros de las mujeres con niveles altos de estrógeno y el cerebro de los varones con incremento de la hormona testosterona los hacen buscar constantemente placeres sexuales y tener orgasmos más intensos. Estas hormonas no solamente preparan al cerebro para estos eventos, sino a todo el organismo. Un factor sumamente importante que ha dejado de lado la vida cotidiana es que para obtener un orgasmo no solamente son importantes las hormonas, sino el contacto físico y el estado de ánimo. Una mujer se excita más y tiene orgasmos más intensos cuando el amante le es sumamente atractivo, mientras un varón puede llegar más rápido al orgasmo si se siente más admirado y su pareja confía en él.

Durante el orgasmo, se incrementa la actividad del sistema de recompensa de la corteza cerebral, de una manera semejante a lo que acontece cuando se consumen drogas o suceden eventos sociales altamente gratificantes. De esta manera hay un incremento en la activación del núcleo accumbens y del área tegmental ventral, las principales liberadoras de dopamina relacionadas con la felicidad y el placer. La oxitocina es la principal generadora de activación de áreas cerebrales para percibir el orgasmo, al mismo tiempo que refuerza la sensación de unión con la pareja. La serotonina en esta etapa se libera para generar la obsesión por obtener el placer y la beta-endorfina genera el placer asociado a la adicción.

El orgasmo de los varones dura entre cinco a siete segundos, en comparación, el orgasmo de las mujeres dura de diez a doce segundos. El clímax de la mujer se acompaña de tres a quince contracciones de su musculatura pélvica con una tendencia aproximadamente de 0.8 segundos. El hombre no alcanza la misma frecuencia e intensidad; en los varones, estas contracciones musculares son involuntarias. El cerebro de la mujer libera más oxitocina que el hipotálamo de un varón, esta es una de las muchas evidencias en el campo de las neurociencias que indican por qué una mujer se puede enamorar después de un orgasmo y a los varones les cuesta más trabajo. En el momento del orgasmo se libera también adrenalina y noradrenalina, que en ambos sexos explica el incremento de la presión arterial, la dilatación capilar, la sensación de mariposas en el abdomen, la sudoración corporal y el cambio de la percepción del tiempo. Es el momento en el que temblamos y las pupilas se dilatan.

La disminución en la actividad de la corteza prefrontal y órbita frontal hace que el cerebro se quede prácticamente sin sensación de percepción moral y juicio social. La embriaguez neuroquímica que el sexo le ha otorgado al cerebro en ese momento es tan alta que los niveles de felicidad y la necesidad de repetir la situación se incrementan. En estos momentos, las promesas y las palabras no son emanadas de la parte más inteligente del cerebro, sino de la parte más emotiva, por lo que la toma de decisiones y las promesas prácticamente no tienen el mismo significado que cuando se hacen lejos de esta emoción. El hipotálamo se involucra en ambos sexos durante el orgasmo, por una parte, liberando oxitocina y, por otra, generando una respuesta en todo el organismo para que la actividad sexual se favorezca. Inmediatamente después de un orgasmo, esta estructura cerebral libera prolactina, una hormona que en ambos sexos disminuye importantemente el deseo y el rendimiento sexual. Es decir, la misma estructura del cerebro que nos prepara para desarrollarnos sexualmente es la que elimina o disminuye el deseo y la necesidad de una nueva relación.

La oxitocina es la hormona del amor. Diversos estudios han demostrado que es un factor importante para hacer relaciones estables. Se libera durante el orgasmo, la lactancia y el trabajo de parto. Un abrazo, un beso, un contacto de piel a piel son también factores liberadores de oxitocina, aunque no en la misma concentración ni de la misma forma para la generación de apegos. De esta manera, las primeras relaciones sexuales en el enamoramiento son inductoras de una sensación de pertenencia muy grande. Sin embargo, es normal que conforme avance una relación, este apego vaya disminuyendo o modificándose. Al final de una relación queda muy claro que lo que recordamos realmente son los momentos maravillosos que vivimos con esa pareja, muchos de los cuales están relacionados con los aspectos sexuales.

Cuando somos niños, la oxitocina se libera en nuestro cerebro por el cuidado de nuestros padres, en la consolidación del comportamiento social; por ejemplo, cuando somos aceptados por la familia, cuando tenemos una relación de confianza y generosidad o cuando pertenecemos a un grupo que comparte nuestras ideas y nos acepta como somos. La oxitocina nos hace más compasivos e indulgentes, resistimos más al estrés. También solemos tener mejores decisiones sociales, incremento de la autoestima y un mayor optimismo cuando los niveles de oxitocina son elevados.

La oxitocina también puede liberarse cuando escuchamos nuestra canción favorita o cuando nuestras expectativas se cumplen, también se incrementa en algunas fases del sueño y, patológicamente, en algunas adicciones. Por ello, el cerebro a veces busca establecer apegos a situaciones que no son sanas o a personas que no son lo mejor en nuestra vida.

El hecho de la primera actividad sexual en nuestra vida establece una emoción muy importante. El cerebro incrementa su actividad memorística y cognitiva, favoreciendo fisiológicamente que todo lo que suceda alterno a ese evento se recuerde con detalle durante mucho tiempo. Es por esto que, a veces sin pensarlo, si este evento es positivo en nuestra vida se quedará como un parámetro de comparación, motivador y satisfactor. En el caso de que sea un evento negativo, el cerebro también percibirá muchas de las relaciones semejantes a ese evento como aspectos negativos, como sucede en una violación.

¿Por qué la primera relación sexual se queda en nuestra memoria para siempre? Por la gran activación de áreas cerebrales, como el hipocampo (memoria y aprendizaje), la amígdala cerebral (emociones), el giro del cíngulo (interpretación emotiva), ínsula (procesador de dolor físico y moral) y la actividad de los ganglios basales (reverberancia de conductas). Todas estas estructuras neuronales hacen que el proceso se quede troquelado en la memoria.

Por eso estos recuerdos emanan emociones y al mismo tiempo no recuerdan lógica. El análisis objetivo, proyectivo e inteligente vendrá después, con una lógica prefrontalizada, es decir, después se le dará un análisis objetivo, sin emociones y con la tibieza de la culpa o la vergüenza. Cuando la madurez haya alcanzado a la corteza cerebral, en un marco de adecuada salud mental, se otorgarán explicaciones congruentes. El orgasmo no emana de la lógica, congruencia e inteligencia del cerebro, al menos no de esas estructuras que lo hacen racional. El orgasmo es el triunfo de un proceso nada intelectualizado, es la conquista de nuestra biología sobre los frenos sociales. Un orgasmo otorga la felicidad que difícilmente otros elementos biológicos permiten.

No todos los inicios sexuales son historias hermosas o maravillosas. Dos de cada tres parejas refieren que su primera vez fue insatisfactoria, con elementos cercanos a la incertidumbre y aspectos nada gratos. Esto depende de muchos elementos, relacionados más con la esfera psicológica y social. La gran mayoría de las mujeres con actividad sexual refiere la incapacidad de tener un orgasmo, la relación importante entre la fantasía, incluso la motivación para buscar y encontrar la satisfacción fuera del hogar. Nuestra primera relación sexual debe de estar lejos de ser traumática, generadora de ansiedad o complicada por inhibiciones. Ingresar a un cuarto con la pareja con cualquiera de estos antecedentes sólo va a amplificar cualquiera de estos tres resultados insatisfactorios en el proceso sexual, lo cual también puede quedar en la memoria.

A lo largo de la vida también se pueden modificar los orgasmos, tanto su intensidad como el número y la experiencia de su desarrollo. El realizar ejercicio, la confianza, la satisfacción, el trabajo mental, incluso la meditación favorecen la sensación del orgasmo. Por ello, las primeras relaciones sexuales conllevan un hándicap en contra: no se tiene mucha experiencia. El cerebro puede ir compensando esta situación. En la medida que llamamos más a la pareja y vamos obteniendo confianza, el proceso sexual comúnmente va en la misma dirección. Lo increíble de "la primera vez" está en su perspectiva, proyección y expectativa; nunca se nos va a olvidar. Lo fisiológico es que nos prepara para mejorar el rendimiento y las posibilidades de que las subsecuentes experiencias sean mejores. Comúnmente, esta primera experiencia será con una persona que no estará con nosotros toda la vida.

Alrededor de 87% de la población mundial tiene relaciones y orgasmos con una pareja que no fue con la que inició su vida sexual. No hay almas gemelas ni medias naranjas; es el enamoramiento que nos confunde y a veces nos prepara para el amor maduro.

CAPÍTULO 10

Amor de un padre

Querida Sofía:

En el mismo cuarto en el que te escribo esta misiva te abracé varias veces. Eras apenas una hermosa pequeña de casi tres kilos, tan pequeña que te podía cargar con un solo brazo. Desde la primera vez que abriste tus ojos yo estaba aquí para darme cuenta que esa mirada atraparía mi vida. Tus primeras palabras las escuché bajo este mismo techo, te vi correr, te he visto crecer, he sido testigo del transitar de esa infancia maravillosa seguida de una adolescencia revolucionaria, contestataria, con la adquisición de tus primeros esfuerzos universitarios. Es increíble que todo este tiempo ha pasado tan rápido sin darme cuenta aún lo hermosa que te has puesto a tus 25 años.

Llegaste a nuestra vida cuando pensábamos que jamás seríamos padres. Ante nuestra avanzada edad, tu madre y yo cuidamos cada día de su embarazo entre algodones y esperanza, cuidados médicos y alimentación. Supimos que eras Sofía a partir del cuarto mes de embarazo a través del ultrasonido. Tu madre y yo no pudimos contener las lágrimas al ver por primera vez tu rostro y gesticulaciones en un monitor. Al salir de esa revisión médica nos dirigimos a una zapatería, allí compramos unos pequeños zapatos rosas que utilizaste sólo tres meses; uno lo perdiste en algún viaje, el otro lo conservamos, es el mismo que encuentras en esta carta.

Sí, estuve muy poco tiempo junto a ti. Con el clásico pretexto de trabajar arduamente para preparar el futuro de nuestra familia, me perdí varias veces tus festivales en la escuela y escuché a veces la enorme distancia que había entre tú y yo. Sé que no basta decir que me arrepiento profundamente de no estar presente en esos momentos críticos de tu vida, imposible regresar a ese tiempo para volver a abrazarte y disfrutar de las coreografías, vestidos, bailes y de tus risas escolares.

Hija, eres el amor que me hizo comprender la ira y la soledad de haber perdido a tu madre hace dos años. Me diste la razón de luchar ante tanta falsedad y mentiras. Me ayudaste en los momentos más difíciles. Reconozco que tu madre te hizo más falta a ti que a mí, espero puedas perdonar a este hombre que no pudo suplir sus palabras, los cuidados y los detalles. Mis ojos se enfermaron de tristeza desde entonces, creo que los tuyos también. Su partida nos enseñó mucho, en esos momentos en que no fui yo, en que no supe qué hacer, fuiste tan fuerte en este mundo a veces lleno de maldad. Hija, eres el amor que me hizo entender entonces la alegría de recuperar la fortaleza para recobrar poco a poco la razón y la esperanza de que esta vida tenga una razón de ser. No todo estuvo perdido, no fue tan fácil ni tan simple recuperarnos, poco a poco, y cuando las lágrimas no alcanzaban para calmarlos, tus palabras y presencia me enseñaron la importancia de continuar.

Reconozco que no he sido un hombre de muchas palabras, pero mis silencios eran la afirmación cuando necesitabas escuchar mi anuencia ante los diversos cuestionamientos que me hacías. Desde el día que naciste y hasta hoy, has estado presente en cada uno de mis días. Conozco cada fracción de tu rostro porque a veces cuando te miro me vuelvo a encontrar en esos ojos. Encuentro en tus palabras las mías y en tus enojos mis culpas.

Eres alegría, un cascabel, un jilguero. No pasas desapercibida en el lugar que te encuentres, tanto que supe de los diferentes hombres que te han pretendido. Escogiste a Fernando como novio, este noviazgo que ha traído a tu vida las nuevas ganas de vivir. He visto cómo ha transformado tu forma de mirar, la entonación de tus palabras, la alegría de vivir y la esperanza de volver a verlo. Has defendido este amor por él, aun en las condiciones más adversas para ambos. Si bien al inicio de esta relación te pedí que fueras cauta, reservada y estudiarás más, tu respuesta siempre fue madura y lógica. A tu corta edad, pensé que no sabrías manejar una relación, pero me has dado una gran sorpresa al ver cómo la madurez con la que has tomado esta relación ha llegado hasta este punto. Desde que eras niña, siempre respeté las decisiones que tomaste, como tú has respetado las mías.

Esta noche es muy especial para mí, hemos estado en un huracán en los últimos dos meses. Me pediste que te apoyara en esta etapa crítica de tu vida. Conocí a los padres de Fernando cuando llegaron a esta casa y te pidieron en matrimonio. La sorpresa se convirtió en susto, y poco a poco me has convencido de que esto es lo mejor para ti. El hecho de que Fernando tenga que irse al extranjero a estudiar y tú con él me han hecho pasar de la alegría a la tristeza, de la nostalgia a la esperanza de conocer algún día a mis nietos. Esta es la última noche que pasas en esta casa, tú casa; mañana será tu boda. No has parado de ver la lista de tus invitados, de los detalles, de hacer llamadas cada 15 minutos y de platicar con tanta emoción de tu futuro. Por momentos me emociono yo también, aceptando que es el momento en que te dejaré de ver tan seguido como hasta ahora.

Seguramente tu madre estaría tan feliz como tú, y seguramente a escondidas estaría llorando más que yo. Debo confesarte que por momentos platico o trato de platicar con ella, imaginando sus respuestas, siempre a favor de su pequeña Sofía.

Mañana ya no habrá tiempo para platicar, será uno de los mejores días de tu vida. Estoy convencido que Fernando te quiere, tú lo has escogido con precisión para ser tu esposo. No tengo más que aceptar que la vida me otorga otro ciclo, que tú debes empezar una nueva vida con la persona que tú has elegido. Te voy a acompañar a esa iglesia y, respetuosamente, me quedaré en donde debo estar. Siempre vas a encontrar mi apoyo, cuando me necesites me encontrarás incondicionalmente a tu lado, esperando que tu sonrisa dure para siempre. Mi pequeña hija, te deseo que seas feliz.

Te quiere,
Papá

Con lágrimas aún en los ojos, Raúl firmó la carta, cerró el sobre y lo metió en un zapatito. Se puso de pie y, caminando lentamente, bajo las escaleras y se dirigió al cuarto de Sofía. Ella estaba despierta, así lo denunciaba la luz que salía por debajo de la puerta de su cuarto. Raúl respiro profundo, y tocó. Su hija respondió: "Hola, papi, ¡pasa!"

Raúl era un hombre de 74 años, de pelo cano y ojos cansados, de pocas sonrisas y gesto adusto, que después de la muerte de su esposa parecía un mudo. Pero siempre que veía a su hija, su mirada se iluminaba. Como si fuera un niño, no le dijo ninguna palabra, sólo le estiró la mano para otorgarle su regalo. Sofía se puso de pie y se fundieron en un abrazo.

¿Qué sucedió en el cerebro de ambos?

Hay una influencia mutua entre padre e hijo, y esto resulta beneficioso para el cerebro de ambos. En el cerebro de un papá se dividen neuronas suplementarias y se conectan redes neuronales, experimentando cambios sinápticos después del nacimiento de su hijo o hija. Desde que un niño nace, la figura paterna puede influir en el desarrollo de comportamientos sanos posteriores.

Desde que el ser humano nace, en especial en los primeros meses de vida, la división celular y las conexiones neuronales dejan un andamiaje para toda la vida de esa persona. Permanecer cerca de su hijo incrementa ventajas cognitivas en el padre; en contraparte, la ausencia del progenitor deja huellas en la corteza cerebral del hijo para toda la vida. En la etapa intrauterina, los bebés reciben una gran concentración de oxitocina, lo que permite un lazo bioquímico entre el bebé y su entorno social. El latido del corazón entre la madre y el hijo se sincronizan más si los niveles de oxitocina aumentan.

El trabajo de parto, el amamantamiento y el cuidado posnatal depende mucho de los niveles de oxitocina en el cerebro del bebé. La relación también es directamente recíproca: entre más abracen a su hijo, los padres incrementan el vínculo y el apego porque en su cerebro también se está liberando oxitocina. Esta es una de las principales razones por las cuales Raúl y Sofía se han adecuado ante los desafíos de la vida.

Existen numerosas evidencias experimentales que indican que la ausencia de un padre incrementa la posibilidad de que sus hijos tengan problemas emocionales, adicciones, bajo rendimiento escolar, baja autoestima y agresividad en la adolescencia. Un ser humano que fue abrazado desde niño es más reactivo ante el llanto de su hijo, es decir, un padre aprende a ser padre desde las primeras etapas de su vida. Es posible que Raúl haya tenido una relación adecuada con su padre, de tal manera que el abuelo de Sofía se encuentra indirectamente presente en la relación que ella tiene con su padre.

El cerebro humano no es estático, no todas sus redes neuronales permanecen siempre de la misma forma. Una de las cosas que hacen más dinámica la reconexión neuronal es el cuidado de los hijos. De esta forma, el cuidado de sus genes le permiten permanecer más tiempo en este mundo. En este punto queda claro que ser padre le permite al ser humano generar nuevas neuronas, las cuales le permiten aprender en forma precisa y para siempre del cuidado de sus hijos. Asimismo, queda establecido que los lazos entre padre e hijo no se parecen a las conexiones neuronales que se hacen entre madre e hijo. La relación con el padre se va formando a lo largo de la convivencia con su hijo, en contraste, las redes neuronales que se forman con la madre son muchísimo más fuertes y éstas se realizan desde antes de que nazca el bebé. La presencia del padre permite mejorar la memoria social.

Cuando un hombre es padre y desea cuidar a su hijo, en su cerebro se incrementan los niveles de dopamina, prolactina y oxitocina. La dopamina lo motiva, reafirma su convicción social y el gusto por abrazar a su hijo, la prolactina le ayuda a labores pro sociales y le disminuye el apetito sexual, y la oxitocina le favorece actitudes pro sociales y solidarias. Así, se atenúan emociones negativas y disminuyen los niveles de cortisol. En consecuencia, los factores negativos del estrés disminuyen. Si bien algunos trabajos científicos indican que la testosterona aumenta en los varones durante los primeros meses de ser padre, la gran mayoría de las evidencias indican que los niveles de andrógenos en el cerebro disminuyen.

La presencia y el cuidado del padre permiten un mejor desarrollo en el cerebro del hijo. En especial se incrementan las conexiones neuronales de dos áreas fundamentales del cerebro: la corteza orbitofrontal, que es parte de la corteza prefrontal, y la corteza somatosensorial, una estructura del cerebro fundamental para la sensación y el movimiento en el cuerpo. De esta manera, la presencia del papá es importante para la maduración de la conexión de los sitios que regulan la toma de decisiones, los procesos de recompensa y las emociones en el cerebro del hijo. Raúl se encuentra ya en el ocaso de su vida y los niveles de testosterona en su cerebro han disminuido significativamente, sin embargo, las redes neuronales que involucran el cuidado de sus hijos persisten durante toda su vida. Con menos testosterona y más oxitocina en el cerebro de Raúl, es más fácil que se conmueva y llore ante los estímulos sociales.

A lo largo de la evolución humana queda de manifiesto que existe una ventaja evolutiva en el hecho de que un padre ayude a la madre a cuidar a sus hijos. El efecto biológico de esto es que la ayuda de un varón hace que la mujer pueda recuperar su fuerza y sea capaz de tener más hijos. El ser humano es la única especie que se queda con la pareja por más tiempo, aun después de haber cuidado a su descendencia. El humano es muy propenso a atender las necesidades de su hijo en lugares públicos, lo cual se ve premiado socialmente, y esto se convierte en un vínculo positivo entre lo biológico y lo social.

Cuando existe un marco de salud mental adecuado, las experiencias negativas entre padres e hijos pueden otorgar una diversificación sináptica que puede ayudar a resolver satisfactoriamente los problemas sociales. Las crisis en familia pueden servir para aprender nuevas estrategias para solucionar los desafíos sociales, pero también algunas experiencias pueden empeorar la relación entre varios miembros de la familia. Sin llegar a determinismos, todo es cuestión de avanzar en la madurez y la conexión neuronal del cerebro de los miembros de la familia. La presencia de los padres y el buen ejemplo favorecen una plasticidad neuronal adecuada de los hijos. De la misma manera, una conducta inadecuada, mal ejemplo y ausencia de la figura paterna o materna tienen efectos negativos, en especial cuando los cerebros de los hijos se encuentran entre los 8 y 12 años.

Cuando una mujer está embarazada, puede sentir que disminuye su agudeza intelectual; sin embargo, se ha demostrado en varios experimentos que su cerebro mejora en muchos aspectos. El cerebro de una madre se prepara para diversas amenazas, por lo que aumenta su audacia y adaptación ante situaciones de peligro. Queda de manifiesto que una mujer aumenta la sustancia gris en regiones cerebrales relacionadas con el cuidado de su bebé. La maternidad incrementa regiones relacionadas con la cognición, mejora la resistencia al estrés, agudiza la memoria y disminuye el egocentrismo. Todo el conjunto hace lidiar a la madre de una mejor forma ante los desafíos cotidianos que implica cuidar una nueva vida.

Un bebé que es deseado al nacer genera un entorno biológico y social que estimula un cambio positivo en el cerebro de sus padres. Se manifiesta un arreglo en la estructura de comunicación de la amígdala cerebral, el cual modifica conductas afectivas y ayuda a la interpretación de estímulos olorosos y a la interpretación de señales auditivas. Por ejemplo, la presencia de un peligro se enfrenta de forma diferente cuando la amenaza es hacia uno en forma individual que cuando el hijo está en riesgo de sufrir las consecuencias. La metamorfosis neuroanatómica de una madre y un padre se completa de la siguiente forma: aumento el tamaño del área pre óptica del hipotálamo y se hace más sensible al sistema neurotransmisor de las endorfinas y encefalinas, modificando el umbral de dolor. El sistema olfativo genera nuevas neuronas, aprendiendo más de los olores de su bebé, los cuales nunca se van a olvidar. El hipocampo –la estructura relacionada con la memoria y el aprendizaje– incrementa su conexión. Los varones, especialmente, pueden generar nuevas neuronas.

Por lo tanto, el ser padre o madre causa un cambio en el cerebro; es el regalo que le otorga en especial el primer hijo a sus padres. En consecuencia, papá y mamá le otorgarán las estrategias y los cuidados fundamentales para que ese bebé crezca y pueda tomar las mejores decisiones en la etapa adulta. Sin lugar a dudas, existe un proceso de reciprocidad biológica que permite al cerebro garantizar de una mejor forma la herencia biológica y los sustratos psicológicos para una mejor adaptación social.

Raúl, en un acto de humildad, reconoció no ser el mejor padre. Sin embargo, él no tiene presente que, además de sus genes, le otorgó a su hija una estructura psicológica que la ha hecho un ser humano con estupenda adaptación social. En consecuencia, Sofía siempre llevará consigo la herencia de su padre en sus genes. La presencia de su madre también estará en ella hasta el último día de su vida, ya que las mitocondrias (organismos intracelulares que otorgan la energía para la célula) en cada una de las células de su cuerpo son las que le otorgó su madre.

Hay que recordar que cuando el espermatozoide y un óvulo se unen para generar un nuevo ser humano, el espermatozoide no proporciona mitocondrias; a partir de la fecundación, todas las células del nuevo ser provienen del óvulo. De esta manera, cuando Sofía tenga a su primer hijo, el bebé tendrá sus mitocondrias, que a su vez le donó su madre, que a su vez vienen de su abuela, y así por generaciones. La vida en sus misterios está atrapada en muchos secretos biológicos. El amor y su fuerza neuroquímica se manifiestan en estas relaciones, se transmite el amor entre las generaciones de los seres humanos y conserva muchas estructuras semejantes que aún son el estudio del campo de las neurociencias.

CAPÍTULO 11

Un ex amor siete años después

Édgar se sentía realmente motivado por la cita que tendría en un par de horas, la emoción y la sensación de plenitud lo habían atrapado. Una ex novia que él había tenido hace siete años había aparecido nuevamente. A su mente regresaban los momentos más sutiles, los besos, los viajes juntos, incluso los momentos íntimos de ambos. Ya había pasado demasiado tiempo, se imaginaba cómo era ella ahora, iniciaba un juego en su mente de querer verla y adivinar sus cambios físicos. Sentía una emoción tan grande que no tenía comparación. Estaba feliz y radiante, era tal la emoción que cantaba y cuidaba el menor detalle de su vestimenta. Édgar actualmente tiene 27 años, trabaja como empleado desde hace cinco años en una transacional empacadora de alimentos. Se casó hace cuatro años y se divorció hace dos años. Tiene dos hijos con María, quien lo corrió de la casa por infiel. Édgar aún no se recupera totalmente de esa separación, sus hijos son el motor de su vida. Con ayuda de un terapeuta ha entendido la situación. Ha tenido varias parejas, sin embargo, ninguna lo ha mantenido estable. Édgar tiene un gran problema: cuando logra conquistar a la mujer que él desea, inmediatamente pierde interés por ella, luego inicia este ciclo con otra mujer que le represente una nueva motivación.

Susana llegó 20 minutos antes de la hora convenida con Édgar al bar en el que se habían citado. Ella había visto el perfil de Édgar en una red social y empezaron una conversación escrita hace dos semanas. Ella también estaba nerviosa, se sentía motivada por volverlo a ver, su peinado y su maquillaje eran impecables. Su vestido negro se acomodaba perfecto a cada uno de los contornos de su cuerpo. Aun sabiendo que podía ser un error, Susana aprovechó un viaje de trabajo y lo invitó a platicar.

En sus recuerdos aparece nuevamente la escena en que Édgar, después de haber regresado juntos de un viaje al interior de la república, se ausentó algunos días. Uno de sus amigos le confió a Susana que Édgar le era infiel y estaba en una relación con Gertrudis, la hija de su casero. Susana no le creyó al principio, pero como Édgar no contestaba el teléfono lo fue a buscar. Así corroboró la infidelidad de su novio. Esa fue la manera como terminó con él. De una manera rápida y precisa terminó la mejor relación que Susana había tenido en su vida. De nada sirvió que Édgar enviará flores, chocolates y poemas, una letanía de mensajes que iniciaban con sutilezas y culminaban en súplicas. Susana rompió todo tipo de recuerdos de Édgar, nunca pensó en una reconciliación, su dolor era tan grande como su amor. Un hombre que te engaña una vez es capaz de hacerlo muchas veces, se decía de forma muy tajante. Esto es lo que la sostuvo para no regresar con él. Se cambió de ciudad y dos años después se casó con Guillermo, un hombre 15 años mayor que ella, dueño de varias tiendas de refacciones automotrices, las cuales Susana ha empezado a supervisar. Tiene un hijo, y aunque ha alcanzado la estabilidad económica, siente que su felicidad no es completa.

Édgar llegó puntual a la cita, su personalidad prácticamente no había cambiado, bonachón, risueño, increíblemente irresponsable, seductor, romántico y carismático. Fue cuestión de platicar 15 minutos para que Susana se diera cuenta nuevamente cómo ambos caracteres y personalidades se complementaban. Era increíble que ella riera tanto ante las puntadas y ocurrencias de un hombre que no obstante parecía ser un adolescente por la manera que le contaba de su vida. De esta manera, Susana confirmó que la presencia de Édgar la ponía nerviosa.

Siete años atrás, él había sido el primero en invitarla a salir, llevarla a comer, viajar juntos, nadar juntos. Muchas de las características de su personalidad se forjaron al mismo tiempo con él, tenían gustos comunes, desde la música hasta los diferentes platillos para comer. Édgar conocía los detalles más íntimos de los gustos de Susana. Ese hombre que ahora tenía enfrente y que por momentos le parecía extraño había sido el primero en ganarse su confianza y el primero en hacerle el amor. Habían pasado siete años para que se volviera a encontrar con él y entender perfectamente que, aunque ya no lo quería de la misma forma, ese hombre le había enseñado, en su momento, la definición de la palabra amor.

Cuando tuvo oportunidad, Susana abrazó a Édgar. Ella lo sintió más alto y robusto. Édgar, de una manera muy sutil, se acercó a su oído para decirle: "¡Estás bellísima!" Susana se sintió muy feliz y al mismo tiempo apenada, Édgar sentía que estaba ganando terreno nuevamente en la disposición de ella. La comida terminó y se continuó con vino y postres.

La tarde se convirtió en noche, el alcohol surtió efecto en ambos cerebros. Susana permitió que Édgar la besara, él la acompañó a su hotel. Cerca de medianoche, ambos entraron al cuarto. En ambos existía una pasión y una necesidad de reencontrarse. En esta ocasión, aunque hubo pasión, no fue satisfactorio para ambos el encuentro sexual. Inmediatamente, Susana se levantó y, enojada, le pidió que se fuera, le dijo que había sido un error por parte de ella haberlo buscado y llegado a ese punto. Era paradójico que ella había terminado con Édgar por una infidelidad, la misma que estaba poniendo en tela de juicio su matrimonio. Cuando amó a Édgar siete años antes, a Susana le quedaba muy claro que quería una familia, una relación estable de confianza y congruencia. Esa relación llegó a un punto en el cual no avanzó más. Por su parte, Édgar se sintió engañado y utilizado, no entendía por qué lo había buscado Susana. A regañadientes y obligado, Édgar se vistió y salió de ese hotel, con la promesa de no volverse a ver nunca más, con la idea objetiva de que ese encuentro había sido un error.

Édgar y Susana habían escrito una historia de amor maravillosa hace siete años, sin embargo, su vida hoy es muy dispar; Édgar es un hombre con muchas dudas, con muchos errores y una continua historia de inmadurez. Por su parte, Susana es una mujer diferente a la que era hace siete años, casada, con ambiciones y una vida con mayor estabilidad. Sí, había sido un error buscarlo. ¿Por qué lo hizo?

A la mañana siguiente, Susana con resaca, cefalea y sensación de culpa reflexionaba. No se arrepiente de haber conocido a Édgar, fue una relación hermosa, con ilusiones, con muchas primeras veces. Hoy, más que nunca, atesora el tiempo que vivió junto a él. Cada vez que piensa en Édgar se vuelve más sentimental y recuerda con mucho cariño los detalles. Ella llegó a la conclusión de que no es tanto la presencia de Édgar, sino lo que representa en su vida por haber vivido tantas experiencias hermosas junto a él. Susana se queda abrazando la almohada, y acepta que aún quiere a Édgar, pero no de la misma forma que hace siete años. Ama su recuerdo, no lo que es ahora. Ama el papel de Edgar, de la importancia que desempeñó en su historia de juventud, lo que compartieron, lo que vivió, lo que viajó, incluso la manera en que se separaron. Todo fue un aprendizaje continuo, sin el cual no sería ella en el presente.

Édgar pudo estar soltero, viudo o casado; para fines prácticos, habría tenido el mismo comportamiento que tuvo con Susana. Su molestia y enojo fue mayor por sentirse rechazado, rechazado nuevamente por una mujer a la cual él había querido mucho y que representaba un deseo sexual muy intenso. No estaban en las mismas condiciones, Édgar siempre deseó a Susana, pero tal vez no la quiso lo suficiente hace siete años, menos ahora, después de tanto tiempo. Ella ya no era como él la había conocido, él tal vez seguía siendo el mismo en el fondo, pero con el dolor moral a cuestas de pagar las consecuencias de su inmadurez. No solamente con Susana, sino con la gran mayoría de las parejas que había tenido después de ella. Susana reconoció el error de buscarlo y permitir la entrada en ese cuarto de hotel, sin embargo, supo reconocer el riesgo y el error a tiempo. Lo que sí quedó claro para ambos es que jamás volverán a buscarse.

¿Qué sucedió en el cerebro de ambos?

Las estadísticas son terribles respecto a las redes sociales y los romances con ex parejas. Cerca de 65% de las personas casadas que tuvieron un "nuevo romance" con una ex pareja refieren arrepentirse de haberlos visto nuevamente, nunca son buenas las segundas partes. La gran mayoría indican que no volverían a enviarle un mensaje por correo electrónico o por alguna red social, ya que el sentimiento inmediato es arrepentimiento y enojo. ¿Por qué volver a conectar con alguien que ya nos devastó la vida con una relación antigua? ¿Por qué creer que actualmente debería ser diferente la interpretación de los sentimientos con la misma persona? La respuesta a estas dos interrogantes nos la da el cerebro: las conexiones neuronales basadas a partir de patrones aprendidos que generan placer tratan de repetirse con el tiempo. El cerebro guarda circuitos y rastros neuronales como memorias, incluso después de estar con otras parejas. Somos capaces de guardar aquellos recuerdos maravillosos que tuvimos con los primeros amores de nuestra vida, aun estando con otra persona. Es imposible evitarlos. Incluso aquellas relaciones que han sido tóxicas o de las cuales nos hemos arrepentido tienen algo de motivante, y algunos rasgos que nuestro cerebro decide guardar, ya sea para tomarlos de comparación para bien o para mal, o evitar errores a partir de los mismos detonantes.

A medida que pasa el tiempo, el cerebro se va quedando solamente con las mejores historias de la vida. Es decir, no obstante a que hemos convivido con personas de diferentes características de personalidad, solemos recordar, en un marco de adecuada salud mental, únicamente las cosas buenas. Cuando recordamos a un viejo amor solemos ponderar más lo bueno que lo malo; hacer lo contrario, es decir, pensar en que un ex amor fue malo, indica que la ex pareja realmente nos trató peor de lo que suponemos.

Los apegos se construyen en las neuronas, por una interacción dinámica de hormonas y neurotransmisores. Cuando el cerebro es joven, abundan más estas sustancias. Por ello los enamoramientos entre los 15 a 25 años son los más intensos que tenemos en la vida, la oxitocina y dopamina se liberan tanto que se convierten en parámetros de comparación para toda la vida. Por eso las relaciones a esta edad parecen ser siempre cuentos de hadas y películas de pasión. Entre más vasopresina y dopamina libere el cerebro de los jóvenes enamorados, más sentimiento de pertenencia se tiene. Esta es una clave para generar sentidos de cercanía y posesión, de relaciones fuertes para desempeñar un papel protagonista en la vida de ambos. Por eso las primeras relaciones son fundamentales e importantes para el cerebro. Una pareja que nos enseñó tanto nos genera sentimientos encontrados después de discusiones o separaciones. Esta es la razón por la cual también la persona que más queremos es la que más nos puede provocar sentimientos de vacío y dolor cuando ya no está con nosotros.

La primera persona en acompañarnos en un viaje o con quien tenemos intimidad por primera vez deja una marca indeleble en nuestro cerebro. Por eso, cuando esta persona intenta estar otra vez en nuestra vida tiene un trato preferencial en nuestras neuronas, de ahí que los ex amores que tuvimos en la juventud tienen un lugar especial en lugares muy recónditos de nuestro cerebro, a veces aunque no queramos. El primer orgasmo asociado a un abrazo y sumado a palabras hermosas se queda siempre en nuestro hipocampo, se proyecta en la amígdala cerebral y se razona en la corteza prefrontal. Este es uno de los grandes objetivos de nuestro cerebro: tratar de repetir las experiencias placenteras que motivan nuestra vida. La dopamina y endorfinas con oxitocina codifican experiencias, amplifican señales emotivas, visuales y auditivas, actúan como grapas o pegamento que van soldando sentimientos de cercanía con personas; escribiendo historias de afecto y proyectando nuestros sentimientos ocultos con diferentes individuos a los que creemos que amamos, pero el tiempo nos pondrá a cada uno en el lugar que corresponde.

En sí, los recuerdos son los que nos generan ahora una mala experiencia con los ex amores. La asociación de hechos, recuerdos y detonantes parecidos a nuestras buenas experiencias nos hacen crear una realidad o adaptarla. Esta modificación hace que el cerebro se crea la historia de que puede ser diferente una nueva experiencia con la misma persona, sin embargo, nuestras neuronas en realidad están esperando que se repita lo mismo que les generó placer. Esto explica por qué algunas personas con características semejantes logran hacernos sentir felices sin hacer nada más que reírnos juntos y sentir que ya nos conocíamos previamente.

Cada vez que estemos cerca de caer en una ex relación que incluso nos enseñó a separarnos con mucho dolor, debemos estar conscientes de que estamos ante un proceso semejante a la recuperación de una adicción, y que en este estado de sobriedad siempre nos vamos a sentir atraídos para entrar nuevamente a un estado de adicción. Cuando queramos volver a ver a esa persona, nos debemos dar una explicación objetiva y congruente: no es que nuestro cerebro quiera volver a repetir la historia de errores con esa persona, tampoco significa que exista algo malo, significa que hay una fisiología neuronal que asocia apego con deseos y romanticismo que seguirán en nuestras áreas cerebrales durante la mayor parte de nuestra vida. No significa que debamos temer, por el contrario, tenemos que enfrentarlo y hacerlo consciente. Este proceso lo toma la corteza prefrontal, la parte más inteligente de nuestro cerebro, sitio en el cual se encuentran los filtros sociales y los frenos objetivos de cada uno de nosotros. Esta corteza prefrontal alcanza su madurez a edades más tempranas en las mujeres que los varones. Es menester de cada uno de nosotros otorgarnos la explicación adecuada y el por qué es necesario tomar cada vez mejores decisiones.

El cerebro humano es el único que comete el mismo error dos veces, así lo muestran 30% de las estadísticas. Muchas de las personas que han buscado a una ex pareja pueden reiniciar una historia o adaptarse nuevamente a esa persona que les enseñó el amor. No hay determinismos, sí hay historias de éxito de parejas que volvieron a continuar una relación tiempo después, lo cual nos hace entender que entonces el error fue separarse. No hay reglas de comportamiento, ni cartabones biológicos de conductas amorosas, el amor conserva muchas maneras de expresarse. Lo que es importante dejar claro es que la gran mayoría de los seres humanos que terminaron una relación les resulta mejor dejarla en el pasado, así como sucedió, y no tratar de reescribir capítulos que la gran mayoría de las ocasiones pueden resultar dolorosos.

CAPÍTULO 12

El amor, la violencia y el delirio

Tienes el revólver apuntado directamente a tu sien derecha, te domina una gran rabia. Tus ojos están hinchados, coléricos, rojos. Tienes la boca reseca, tus manos tiemblan, en especial la mano derecha, a punto de detonar el gatillo con tu dedo índice. Sientes cómo tu corazón se sale del pecho, tu frecuencia respiratoria es tan alta que por momentos parece que jadeas, tu frente está muy húmeda por un sudor abundante que también se detecta en la palma de tus manos. Sientes una gran ira que no conocías, sientes rencor y al mismo tiempo mucha tristeza. Los eventos pasan rápidamente por tu mente, no logras entender la lógica de muchas de las cosas que están sucediendo.

Viste a Lola, tu esposa, acompañada de un hombre alto, fornido, galante y simpático. Ellos no te vieron, pero tú los seguiste sagazmente, comprobaste que ella se subió al auto de aquel hombre y los seguiste en tu auto. A partir de ese momento todo tenía una gran lógica para ti, sospechabas de una infidelidad, la discutieron y ella siempre lo negó. Pero esto ya había llegado demasiado lejos. Durante meses, nunca dejaste de buscar pistas obsesivamente, de encontrar y justificar tus sospechas. Por fin, el día que lo habías demostrado, al tratar de marcarle a Lola por el teléfono celular perdiste la pista de aquel auto sobre la carretera principal de la ciudad. Lola no contestaba y se desbordó tu locura. Regresaste a tu casa cuando sabías que no había nadie, subiste a tu cuarto y sacaste del cajón del viejo escritorio la pistola con la cual varias veces amenazaste a Lola, diciéndole que tú eras el hombre de su vida y que no soportarías que nadie más pudiera tocarla. La misma pistola con la cual asesinaste a varios perros que ladraban cuando tú estabas dormido. La misma arma con la cual has fanfarroneado con tus amigos por el hecho de saberla manejar, cargar y descargar con gran habilidad, y saber que ninguno de ellos tendría el valor de detonarla por más invitaciones que les hicieras.

Tienes el revólver apuntando a tu sien derecha, tienes miedo, estás ofuscado por la realidad que estás viviendo y al mismo tiempo sabes que puede acabar todo al detonar el arma. Empiezas a llorar como un niño, gritas el nombre de Lola y preguntas varias veces: "¿Por qué?" Así pasan algunos minutos. Te hincas, te abrazas, aún con el revólver en la mano. Estás dispuesto a terminar con tu vida. Te sientes humillado, engañado y víctima de una circunstancia que no sabes cómo solucionar.

En esas condiciones te quedas casi dormido. Te despierta la llegada del auto de Lola; al detenerse, bajan tus hijos, Ana y Alfredo. Tras saber que estás en casa gritan: "¡Papá!" No sabes qué hacer, te pones nervioso, regresas la pistola al cajón alto del escritorio. Te secas rápidamente la cara, te arreglas la ropa, respiras profundo. Los niños abren abruptamente la puerta y es Ana la que se funde con un gran abrazo a tu pecho. Sin cuestionar absolutamente nada, los niños te dicen que estuvieron felizmente en el cine con su madre disfrutando del estreno de la película infantil que ellos querían ver desde hace mucho tiempo. Lola percibe que no estás bien del todo, te mira detenidamente y te pregunta: "¿Te volvió a pasar, Saúl?" Te abraza y te dice: "No te preocupes, aquí estoy."

Dolores es la segunda hija de un matrimonio cuyo problema principal ha sido el alcoholismo del padre. Actualmente de 32 años, conoció a Saúl cuando ella tenía 22 años. Desde que estaba en la secundaria, cada vez eran más frecuentes las calamidades económicas de la casa. Ella y su hermana, Azul, veían cómo el matrimonio de sus padres se iba destruyendo a consecuencia de las borracheras, golpizas y maltratos que recibía su madre cuando su padre regresaba de beber con los amigos. En ocasiones a ellas les tocaba ser las anfitrionas de al menos ocho amigos que llegaban a comer y a beber, cuando en esa casa comúnmente faltaba lo más indispensable para realizar una comida. La madre de Lola puso un ultimátum: no más sirvientas y no más fiestas en las que ocho individuos se la pasaran burlándose de las mujeres y sintiendo que en esa casa el ambiente misógino era divertido.

La madre de Lola dejó entrever que en esa casa el alcohol era el detonante de la falta de respeto. Lola vivió en carne propia las constantes muestras de desaprobación social y familiar de un padre alcohólico. Tuvo varios novios, alrededor de cinco a seis. El denominador común de todos ellos era la ingesta de alcohol. Era una muchacha seria, pero solía sonreír cuando se sentía protegida y querida. Cuando tenía 20 años parecía que había encontrado el amor definitivo: se hizo novia de Raymundo, el hijo del dueño de la principal tienda de abarrotes de la colonia.

Alrededor de dos años después, ambos estaban convencidos de que la relación era muy seria y llegaría al matrimonio. La fatalidad hizo su aparición: Raymundo murió en un choque automovilístico. La causa: el chofer de una camioneta de carga se quedó dormido y fue evidente que manejaba alcoholizado.

Con el dolor a cuestas, Lola, trabajando como dependiente en una tienda de un centro comercial, conoció a Saúl. Un hombre blanco, de ojos claros, cuerpo atlético y sonrisa centelleante. Él entraba a la tienda de regalos que Lola atendía de nueve de la mañana a diez de la noche, a veces en la mañana y a veces en la tarde. Saúl le dejaba mensajes en los que reiteraba su intención de conocerla mejor, de invitarla a salir para ver una película o cenar juntos. Esto le molestaba a Lola, en ocasiones lo retaba con una cara de fastidio, en otras le decía que no perdiera su tiempo y no se burlara de ella. Una parte de ella empezaba disfrutar el galanteo de ese mozo, que la gran mayoría de sus amigas veía como muy guapo. La forma que Saúl eligió para acercarse definitivamente a Lola fue lo que generó que ella aceptara una cita: Saúl compró el peluche más grande de la tienda y le puso una carta dirigida a Lola, en donde pedía solemnemente una cita para platicar con ella.

Salieron por un lapso de tres meses y ella accedió a las peticiones amorosas de Saúl al cuarto mes de salir las tardes de los viernes. Se convirtió en la novia de un hombre que la había buscado casi de una manera infantil y se había acercado poco a poco para ganarse su cariño.

Él era hijo único de un matrimonio que ya estaba entrado en años cuando Saúl llegó a este mundo; su madre se embarazó cuando tenía 39 años y su padre tenía 52 años. Él era un médico y ella una enfermera pediátrica. Ambos le otorgaron todo lo posible a Saúl para una vida holgada, llena de lujos y satisfacciones. El problema de Saúl no era el alcohol, era su violencia, que desde la adolescencia lo venía acompañando de una manera progresiva e insidiosa. Este proceso lo llevó varias veces a episodios que pusieron en peligro su vida: peleas callejeras.

Saúl siempre pensó que lo seguían personas que él no conocía, que su línea telefónica podría estar intervenida y que muchas personas se enterarían de sus conversaciones, que podía morir envenenado por sus enemigos, que la gran mayoría de la gente no lo quería. Sus pensamientos constantemente se relacionaban a que podía morir de una manera espontánea, sin razón alguna y, ya casado, que podría ser engañado por su cónyuge en cualquier momento. Estos procesos le duraban entre tres semanas a un mes. Él era consciente de todo esto y de sus detonantes, y cuando ya podía manejarlos de mejor forma sentía un gran placer al pensar que podía alejarse de sus pensamientos en forma definitiva. Pero cuando los cuadros violentos aparecían nuevamente, sus parejas o su madre lo obligaban a regañadientes a atenderse con un psicólogo y, a veces, con un psiquíatra.

El psiquíatra le comentó a Saúl que no padecía esquizofrenia, tampoco deterioro social o cognitivo u otro tipo de enfermedad. Sin embargo, el médico le hizo un diagnóstico preciso: tenía trastorno delirante. Sin conocer mucho de los vocablos médicos, a Saúl le pareció ofensivo tener un trastorno delirante. Acto seguido, omitió totalmente esta consulta médica para todas las personas de su alrededor: ese sería su secreto, nadie más podía saber el comentario del profesional de la salud.

Saúl parecía tener dos personalidades que coexistían en el mismo cuerpo: era un novio hermoso, hijo atento, cariñoso, maravilloso, ensoñador, creativo, comprensivo y fantástico, pero de una manera inmediata y sin razón aparente podía convertirse en un ser frío, calculador, arrogante, ofensivo, desleal, castigador y sin sentimientos. La primera etapa de la personalidad de Saúl es la que enamoró a Lola perdidamente, quien disfrutaba cada momento. Él representaba todo lo hermoso que podía esperar de un hombre, ella agradecía mucho que en su matrimonio no existieran las condiciones negativas del alcoholismo. En contraste, el Saúl violento y agresivo fue emergiendo poco a poco. A veces Lola pensaba que tenía la culpa de esa violencia, sentía que no era posible que ese hombre bello por fuera y por dentro fuera capaz de ser tan ruin por momentos. Sabía que sólo ella podía ser la generadora de esa personalidad horrenda.

La violencia verbal fue convirtiéndose gradualmente en violencia física, empezando con pequeños pellizcos que poco a poco se fueron convirtiendo en golpes con el puño o con objetos. En una ocasión, Saúl llegó a fracturar el antebrazo de Lola. Era tanta su desesperación que le gritó: "¡Suéltame, Saúl, por favor, me lastimas!" En su discusión y palabras, Saúl no soltaba el antebrazo derecho de su esposa, y en una maniobra brutal y violenta lo sometió a tanta tensión que el dolor de Lola lo hizo reaccionar. Le había partido los huesos de la muñeca. En esa ocasión, como tantas otras veces, ella tuvo que mentir ante el médico y su familia sobre el origen de las lesiones. Saúl se había convertido en un agresor, un marido violento y en un ejecutor. Sin embargo, solía regresar a su etapa de marido perfecto frente a la sociedad, prometiendo que se atendería médicamente para que no volviera a pasar un evento como ése.

Se casaron más por presión de Lola que por decisión de Saúl. Tuvieron una luna de miel de altibajos, ya que las explosiones de celos, hipersexualidad, golpes y violencia verbal aparecieron en una magnitud que en el noviazgo no había existido. Lola pensó que era normal, considerando que su esposo era un prominente hombre de negocios y debería ser ella quien comprendiera la situación. Pasaron tres años, Lola se embarazó. Justo al tercer mes de la espera de su primer hijo, una discusión banal terminó por hacer que Saúl se pusiera de pie y golpeara a Lola en su cara con tal fuerza que ella casi perdió el sentido. En esas condiciones ella lo enfrentó por primera vez, y él, sintiéndose ofendido por las palabras de Lola, la pateó tres veces en el abdomen. La hemorragia hizo que Lola fuera hospitalizada en urgencias. Dadas las características de las lesiones, el ministerio público intervino para la detención de Saúl. La familia de él hizo presión para que Lola retirara los cargos. Los padres de Lola amenazaron a Saúl: si algo le pasaba a su hija habría consecuencias inmediatas contra él. De esta manera, las familias terminaron alejadas. Saúl se disculpó como nunca lo había hecho, prometió tomar un tratamiento específico para el control de su ira y le pidió estar juntos para cuidar a su hijo. Lola lo perdonó.

El segundo embarazo de Lola fue más por un descuido que por la decisión de tenerlo, dejó de tomar las pastillas anticonceptivas accidentalmente. Cuando le informó del embarazo a Saúl, éste nuevamente montó en cólera, la culpó, la ofendió y le dijo que no esperara que él estuviera de acuerdo con ese embarazo. En el transcurso de ocho años, Lola aprendió a ponerse a salvo cada vez más rápido y procurando salvaguardar a sus hijos del infierno que representaba convivir con Saúl. Mediante engaños e historias, pero siempre coordinándose con su familia, Lola solía estar cada vez menos tiempo al lado de su esposo. Él no se atrevía a buscar a Lola en la casa de sus padres. Saúl no perdía el tiempo para decirle que debía respetar la casa de ambos.

Saúl sabía de su diagnóstico desde hacía mucho tiempo: ideas paranoides que son la base de un trastorno delirante. Reconocía que si su esposa estuviera enterada de esto podría utilizarlo a su favor para quitarle la patria potestad de sus hijos. Lo que Saúl no sabía era que este trastorno es progresivo, a veces incapacitante y llega a modificar la realidad. Lola consiguió apoyo institucional para alejar a Saúl de su vida. Un año antes, ella tomó la decisión de romper totalmente el vínculo matrimonial, ya que ahora Saúl había ido en contra de su hijo menor, lo había golpeado y lo había hecho sangrar sin motivo aparente. Desde entonces, Lola ha luchado demasiado por tratar de demostrar que Saúl necesita ayuda, requiere la integración no solamente de su familia sino de profesionales que lo ayuden a mejorar su estado mental.

Desde hace 11 meses Lola se ha entrevistado con abogados, trabajadoras sociales, psicólogos y médicos. Ha hecho todo lo posible para demostrar en forma unilateral que su matrimonio ya no puede ser. Renunció al amor de la pareja para cuidar a sus hijos. Esa tarde, el hombre con el que Saúl había visto a su esposa en verdad era su abogado. Sus hijos en realidad se habían ido al cine. Esa tarde se había convenido como la tarde en la cual la familia sacaría las cosas primordiales de su casa para abandonar a Saúl. Él, en su desesperación y tal vez previendo las cosas, estaba a punto de suicidarse. En el preciso instante en el que la desesperación de una idea delirante emerge y atrapa al individuo en una idea paranoide, el denominador común es escuchar una voz interna hablándonos en primera persona de forma agresiva: "Tú tienes una rabia... tú puedes terminar con tu vida."

¿Qué sucedió en el cerebro de ambos?

El cerebro de Saúl tiene un trastorno delirante. Esta entidad tiene una máxima manifestación entre los 30 y 55 años y se desarrolla principalmente en la personalidad paranoide. Desde la adolescencia se caracteriza por violencia detonada por algún estresor psicosocial. ¿En dónde surge una idea paranoide? La corteza prefrontal, el hipocampo y el giro del cíngulo son estructuras cerebrales que hacen que una idea tenga un sustrato derivado de una creencia falsa, basada en ideas incorrectas, a pesar de que existan pruebas o evidencias fidedignas e indiscutibles de lo contrario. Las ideas delirantes pueden ser improbables, pero también existen aquellas que surgen como resultado de una mala adaptación a la vida real.

Las ideas delirantes también tienen una relación con un tema en especial, como el sexo, celos o pensar que será envenenado. Pueden mantenerse mucho en el cerebro de una persona si resulta ser más inteligente, estableciéndose un sistema de ideas delirantes crónicas que generan una forma de pensamiento, valores, puntos de vista, añoranzas, objetivos y motivaciones. Si no se cumplen, una de las primeras manifestaciones conductuales es la aparición de la violencia. Estos cerebros tienen una gran liberación de dopamina que los motiva a seguir repitiendo la conducta y buscando el placer de ganar una discusión. Comúnmente, también están relacionados con altos niveles de testosterona, lo cual es el sustrato de la competitividad, irritabilidad y violencia.

Cuando una persona entra en un estado delirante, este proceso también se acompaña de ansiedad, el incremento de la perspicacia, el sospechar de todos y de una característica muy frecuente pero sutil: elementos insignificantes parecen tomar una importancia extraordinaria. Hay una ausencia de juicio autocrítico. Cuando el problema se convierte crónico, es decir, dura más de un mes, la objetividad de la realidad de lo que se percibe se transforma en una subjetividad de lo que se quiere ver y entender. Estas ideas se vuelven cada vez más egocéntricas, buscando ser menos dolorosas para el cerebro. El sujeto puede llegar a tolerar sus ideas durante años sin llegar a descompensarse, aunque tenga esporádicamente datos de ansiedad. La atención y memoria se agudizan en relación con los hechos por los que un individuo se cree perseguido o agredido. Paradójicamente, le quita tensión y memoria a los hechos que le contradicen sus ideas, haciendo por momentos olvidos selectivos y buscando no recordar lo que no le conviene.

Los cerebros de hombres como Saúl tienen también una característica común: su sexualidad es conflictiva y disfuncional, al mismo tiempo que su contacto social está empobrecido. Les cuesta trabajo entender sus emociones e interpretan erróneamente las de otros. Este es uno de los principales detonantes que las parejas refieren no entender: quieren tener a una persona pero al mismo tiempo conviven agrediéndola.

¿Cuándo llega la catástrofe relacionada con esta patología? Por ejemplo, cuando se pierde el trabajo o la pareja abandona al cónyuge. El cerebro del individuo pasa inmediatamente de procesos de ansiedad, miedo e irritabilidad al odio. Sin embargo, la defensa ya no es tan fuerte y llegan a pasar a ideas de suicidio.

Resulta contrastante que un cerebro inteligente y creativo se convierta en un cerebro violento e irritable. Este proceso pasa desapercibido por quien tiene el padecimiento. Las personas que conviven cotidianamente con el agresor comúnmente informan los datos agresivos del personaje tóxico.

El comienzo de las ideas delirantes se caracteriza por la hipervigilancia, suspicacia y una fascinación por los significados ocultos. Hay rigidez y una tendencia a personalizar ideas peculiares sobre el control. Este proceso cambia gradualmente a una fase de agudización en la cual el individuo se vuelve intolerante y se pierde progresivamente. Tienen sentimientos caóticos cuando sus estrategias fallan. Se aíslan del mundo y se centran sólo en ellos. Elaboran hipótesis sobre lo que sucede, sospechan de todo e interpretan todos los sucesos sistemáticamente, de manera que sólo a ellos les parecen racionales. Finalmente, pueden llegar a una psicosis en la cual exteriorizan sus sentimientos, tensiones y sospechas en forma de delirios donde empiezan a percibir a personas reales o seres imaginarios que pueden atacarlos o perjudicarlos. Es común encontrar en estos ejemplos a personalidades celotípicas. Estos individuos tienen una gran tendencia a sentirse humillados fácilmente, con una pérdida muy fácil del autocontrol. Comúnmente tienden a reorganizar sus defensas proyectivas, normalizando sus actitudes.

El cerebro de Lola fue aprendiendo con el tiempo. Si el cerebro de nuestra pareja nos escogiera en forma racional podría dejarnos por las mismas cuestiones racionales al encontrar una persona mejor. De esta manera, el enamoramiento nos quita lo racional. Tal vez si Lola hubiera conocido los rasgos de la personalidad de Saúl al inicio de la relación no habría salido con él. Sin embargo, Lola venía huyendo de un ambiente familiar tóxico marcado por el alcoholismo. Es en esta etapa cuando la gran mayoría de los enamorados creen en una mejor realidad; prefieren modificar su realidad en compañía de una pareja que continuar con los problemas y entornos sociales tóxicos que ya vivieron. Algunas parejas son el rescate emocional y social de las carencias que vienen arrastrando muchas personas previas al matrimonio. El cerebro de Lola estaba ávido de romper rutinas y contrarrestar los agravios que ya tenía a su corta edad. Los cerebros como el de Lola liberan mucha dopamina cuando los detonantes emocionales son dirigidos, generando un enganche emocional muy fuerte. En estas condiciones, el cerebro cree lo que quiere creer, cuestionando muy poco el valor de verdad.

Al inicio de la relación coincidió algo muy fuerte en estos cerebros: la necesidad de cariño y reconocimiento por parte de Lola y el proceso demandante, sobreprotector y manipulador de Saúl. Estas relaciones parecen convivir correctamente antes del tercer año de noviazgo, aunque en ese periodo de pasión y deseo sí se llegan a matizar apariciones de procesos violentos que no se consideran graves. Al fin del enamoramiento, que ocurre entre el cuarto y quinto año de haber iniciado la relación, el proceso se llega a romper y la separación es muy fácil de identificar. En esta etapa de la relación muchas parejas ya tienen hijos, lo cual complica tomar la decisión de una separación. Se aferran a la idea de que la pareja puede cambiar por el amor que los unió en un inicio.

Dos vectores apuntan en contra de la pareja ante una posible decisión de separación: los procesos psicológicos y sociales. Los primeros son un conjunto de ideas y aprendizajes de la familia, que indican claramente que es mejor no separarse y soportar las desazones del matrimonio como un proceso a través del cual se puede ser una mejor persona. Este proceso es lo que mantiene unidas a parejas que deberían haberse separado desde hace mucho. Los aspectos sociales están claramente involucrados en la sensación de falla y fracaso ante una separación; la culpa y la vergüenza escondidas en estos aspectos son moduladores erróneos de muchas de las decisiones, de manera que cientos de parejas en este mundo deciden seguir unidos cuando ya no existe nada en común entre ellos.

El cerebro de Saúl aprendió a ser así de violento desde las primeras etapas de su vida, en la adolescencia. Su carácter es producto de una herencia biológica y psicológica y de un entorno social que fue modificando su personalidad. Saúl iba a ser igual de violento con Lola como fue con otras personas. Difícilmente iba a cambiar el entorno de su realidad sino tomaba en consideración su problema y, en consecuencia, aceptaba llevar un proceso terapéutico. Lola ya hizo lo consecuente, fue demasiada violencia en la vida de ella y sus hijos, fueron demasiadas oportunidades escondidas por un perdón. Ella tiene que valorar como mujer lo que tiene y su futuro promisorio, lejos de una relación tóxica y agresiva. Ya aprendió de ella y ya no está sola para iniciar una nueva vida: ahora tiene a sus hijos y la experiencia que la vida le otorgó.

CAPÍTULO 13

El gusto y la atracción

La veía todos los días cuando viajaba en el autobús. Ella subía puntualmente en la misma estación a la misma hora, era un ángel. Patricia era una mujer de alrededor de 21 años, de mediana estatura, de cutis terso, sonrisa perfecta, casi sin maquillaje, morena, muy seria y tímida a la vez. Carlos no la habría descubierto si no fuera porque en alguna ocasión ella se sentó junto a él y viajaron prácticamente durante una hora juntos, sin decirse nada. Él percibía su aroma y se dio cuenta que ella aún era estudiante universitaria, o al menos era muy dedicada a estudiar anatomía humana. De reojo Carlos observaba que ella utilizaba el tiempo del transporte para estudiar, leer y memorizar. Ella no se permitía voltear a ningún lado, mucho menos a regalarle un segundo de su atención.

Todos los días en los que Carlos se transportaba a la academia de cadetes de policía en donde estaba estudiando, ponía atención particular al momento en que Patricia subía al autobús. Se sentía sumamente atraído por esa mujer. Sin conocerla, poco a poco sintió la necesidad de hablarle, se emocionaba cuando el autobús llegaba a la parada y él, en forma fugaz pero al mismo tiempo feliz, observaba a las personas que subían al autobús hasta encontrar a Patricia, que no hacía otra cosa más que buscar un lugar para sentarse y ponerse estudiar.

La fascinación por ver a Patricia se fue convirtiendo en costumbre para Carlos, aunque no le hablara se conformaba con verla. En la academia de policía, Carlos empezaba a imaginarse que platicaba con ella, en algunas ocasiones estuvo a punto de llamar su atención, pero se sentía sumamente apenado ante la posibilidad de ser rechazado. Todos los viajes de autobús terminaban cuando la gran mayoría de las personas se bajaba rápidamente del autobús para tomar las escaleras del tren suburbano. Ahí es cuando Carlos la perdía de vista, ella caminaba rápido, con agilidad, a la zona resguardada únicamente para mujeres. Seis meses pasaron, todos los días, de lunes a viernes, con este juego de motivación.

En seis meses se habían sentado juntos en el autobús sólo en una ocasión. Carlos armó un plan para que ella buscara estar lo más cerca de él, él quería escuchar su voz, por fin se decidió llamar la atención de esa mujer hermosa. Carlos había llevado una mochila exageradamente grande que había puesto a propósito a su lado para evitar con ello que otras personas se sentaran. Ese mismo día, Patricia iba acompañada de un hombre alto y robusto, sumamente observador del entorno, que parecía más su guarura que su acompañante. Se quedaron prácticamente a la mitad del autobús. El plan de Carlos no había surtido efecto, tuvo que quitar su mochila y aceptar que otra persona se sentara ahí. El ánimo de Carlos se vio afectado, ¿quién era ese hombre que acompañaba a su amor platónico? ¿Por qué se sentía mal de haberse sentido atraído por alguien que no conocía?

Las expectativas de Carlos habían sido muy grandes, se había emocionado antes de tiempo. Había hecho planes y sacado conclusiones sin tener muchos elementos para corroborarlos. Era ya una obsesión que lo había atrapado, ni siquiera sabía el nombre de ella, no sabía en realidad quien era, pero la pensaba la mayor parte del día. La atracción había sido muy grande. Nunca le había pasado algo semejante. A sus 23 años, Carlos pensaba que rayaba en la estupidez todo lo que había imaginado. Carlos solía burlarse de sus hermanos y amigos de aquellos aspectos románticos y situaciones que hacen pensar que la vida es de color de rosa, pensaba que los finales felices solamente suceden en las películas.

Fue tanta la frustración de Carlos por ver a Patricia acompañada de ese hombre, que su tristeza no le permitió ver que habían construido un hoyo de más de dos metros de profundidad en la pista principal de la carrera de obstáculos que se llevaba a cabo ese día en la academia de policía. Carlos se fue hasta el fondo y se rompió la pierna izquierda. Entre la incomodidad y el dolor, fue a parar al hospital más cercano a la academia. Ahí, entre la tristeza y el dolor, se quedó pensando en que en realidad era un verdadero tonto.

Esperando afuera de la sala de rayos X, inmerso en su tristeza, escuchó una voz angelical que dijo su nombre. Lo llamaban de la sala de toma de placas radiográficas. Él levantó la mirada: ahí se encontraba Patricia, bajo el marco de la puerta. Ella era una técnica especializada en toma de rayos X del hospital regional de la zona. Carlos no salía de su asombro y no podía con su emoción, no podía ser real lo que estaba sucediendo, él no le quitaba la mirada de encima. Entre una sonrisa oculta y lágrimas en sus ojos, él supo, por el gafete que llevaba en su cuello, el nombre de su amada: Patricia. Ella le dio instrucciones a Carlos para moverse dentro del aparato de rayos X, lo acomodó con firmeza pero en forma amable para que la toma de la placa de rayos X de su pie fuera adecuada y correcta. Él buscaba su mirada y le sonreía constantemente, se sentía atraído y al mismo tiempo embelesado por esa mujer. Ella apenas volteó a verlo, su trato fue siempre muy amable, le dio instrucciones para no lastimarse al bajar de la mesa especial de toma de placa y salir nuevamente a una sala de espera.

Carlos estaba asombrado, ahí la había encontrado, ella le había hablado por su nombre. Diez minutos después, Patricia salió a la sala de espera con una placa en la mano derecha, bromeando y sonriéndole: "Parece ser que vas a estar un mes fuera de circulación amigo, tienes una gran fractura. No te preocupes, con cuidados y una rehabilitación adecuada te vas a sentir mejor."

"Es increíble que por pensar en ti me hice esta fractura y ahora tú me das el diagnóstico," le dijo Carlos, sonriendo. Patricia abrió los ojos, se sintió un poco incómoda, pero con la necesidad de una explicación: "No entiendo, ¿por qué yo tuve la culpa? Si no te conozco. Nunca en mi vida te había visto, me culpas de este accidente, creo que también te pegaste en la cabeza."

"Te he visto desde hace seis meses, un poco más tal vez... subes siempre al mismo autobús en el cual yo voy, el de la ruta 17. Te he visto vestida de diferente forma, con diferentes peinados, he visto que siempre estudias en el autobús, que no le hablas a nadie, a veces llegas a sonreírle a las personas que te regalan una sonrisa. Al llegar a la estación final corres para subirte al tren suburbano y ahí te pierdo. Nunca he podido saber hacia dónde vas, hasta hoy."

Patricia se enterneció por la historia que le contó y, al mismo tiempo, quiso tener un gesto amable para el muchacho que se había fracturado. "Pues nos vamos a dejar de ver por cuestiones «técnicas»", dijo, señalando el pie izquierdo de Carlos. "Pero cuando te recuperes, ten por seguro que vamos a platicar y nos vamos acompañar mutuamente, ¿sí?"

"¡Encantado de conocerte, Patricia!" Carlos no dejaba de sonreír y sentirse animado por platicar por primera vez con esa chica que tanto lo había motivado.

"Pero espera," atajó ella de una manera amable. "¿Por qué dices que fue mi culpa?" Ella lo miró fijamente, entrecerrando sus hermosos ojos.

"Porque hoy que me decidí platicar contigo, iba contigo tu novio y fue tanto mi pesar, que ya no puse atención en detalles, y mira, terminé en un hospital. No vi un hoyo por ir pensando en ti."

Patricia, riendo a carcajadas, le respondió: "No, no. Te equivocas, no era mi novio, es mi hermano, Enrique. No tengo novio, ¿quién se va a fijar en una persona como yo? No tengo el tiempo para eso. Pero pues, así es la vida, ¿no crees? Ánimo Carlos, te vas a sentir mejor. Me tengo que ir a trabajar, pero seguramente nos veremos otro día."

Carlos, apenado pero decidido, le dijo: "Patricia, tú harías feliz a cualquier hombre, eres un ser lleno de luz, eres un sol, le puedes cambiar la vida a cualquier persona, incluyéndome, como ya lo hiciste. Te quiero pedir..."

Patricia lo interrumpió inmediatamente: "Mira, Carlos, estoy trabajando, aquí es muy difícil platicar y, como te darás cuenta, hay muchos pacientes como tú que necesitan una placa para saber qué es lo que se tiene que hacer en su caso para recuperar su salud. Pero si te parece, yo seré quien te busque y platicamos después."

"Por supuesto que sí, Patricia, discúlpame si te incomodé."

Patricia sacó un papel de su bata. "A ver, dime tu número telefónico. Yo te marco después."

Carlos fue atendido por un ortopedista, quien al ver su placa decidió ponerle un yeso por siete semanas. Él por momentos no escuchaba las indicaciones del médico, estaba atrapado en ese bello encuentro con Patricia. No era su novio, no era su novio... ¡era su hermano! Se sentía extasiado luego de platicar con su musa. A veces así son las cosas en la vida: cuando parece que tenemos una realidad en la interpretación de los hechos, la verdad resulta distinta.

Tres días después del primer encuentro, Patricia le envió un mensaje por teléfono celular a Carlos. En ese mensaje ella lo saludaba y le preguntaba cómo se encontraba. Carlos respondió emocionado y amable cada uno de los mensajes de Patricia. De esa manera fueron construyendo una comunicación que cada vez los atrapaba más fuerte y platicaban hasta las primeras horas de la madrugada. Patricia escribía por las mañanas y Carlos lo hacía por las noches. Los mensajes iban fluyendo de tal manera que pasaban de bromas y mensajes insulsos a promesas de volver a verse. Cinco semanas después, sucedió lo indescriptible para Carlos.

Carlos vivía en una casa modesta, a 20 minutos de la casa de Patricia. Su familia, compuesta por dos hermanos y sus padres, era una familia de estrato humilde. Patricia llegó con un pequeño chocolate, enmarcado con un moño azul. Tocó su puerta. La familia se quedó sorprendida, una hermosa mujer visitaba a su hijo, quien se había caracterizado por ser sumamente serio, incluso lo criticaban por ser tan críptico con sus emociones. La invitaron a pasar a la sala, Carlos bajó la escalera con dificultad cuando escuchó la voz de Patricia. Ahí estaba la hermosa mujer de la cual se había enamorado luego de verla diferentes ocasiones en el autobús, estaba en su casa. Hay sucesos que pueden cambiar la vida de una persona para siempre. A partir de ese día, Carlos era más abierto en su trato, afable e increíblemente motivado. Patricia empezaba a sentir atracción por ese muchacho. Platicaron escasamente 20 minutos antes de que Patricia se despidiera: "Ya me voy amigo, no avisé en mi casa que pasaría a verte."

"Muchas gracias, Patricia, ha sido un regalo maravilloso el que me otorgaste hoy. Ya casi me quitan el yeso."

"Por cierto, déjame firmártelo."

"Sí, claro, busca un lugar, ya casi está lleno." Ambos rieron. Ella escribió en el yeso algunas cosas, entre risas y miradas inquietas.

Patricia se levantó y se fue. Ya casi eran las ocho de la noche. Carlos estaba obnubilado, su familia estaba muy feliz por verlo en esa condición, sentía que esa hermosa mujer tendría un significado muy importante en su vida. "Tienes que buscar a esa muchacha," le dijo su mamá. "¡Caray Carlos! que buena suerte tienes," le comentó su hermano. "No puedes dejarla ir," remató su padre, "¿en dónde vive?"

Carlos se dio cuenta de que nunca le había preguntado dónde vivía. Aunque ya tenía detalles de su familia, de sus estudios y su trabajo. Esa noche, antes de dormir, con dificultad buscó lo que Patricia le había escrito en el yeso y se dio cuenta de algo maravilloso. Patricia le había escrito: *cuando te quiten este yeso, búscame en mi casa*. Había dibujado un corazón y su dirección. No había duda, Carlos tenía la posibilidad de visitar a Patricia.

Han pasado casi tres años desde aquel accidente. Carlos se graduó con honores de la escuela de policía. Lo que más lo motiva el día de hoy es que llegará a la casa de Patricia a las cuatro de la tarde, acompañado de sus padres. Lleva en la bolsa de su saco un anillo con un brillante, ha decidido pedirle matrimonio a Patricia. Ya pasaron un año y medio como novios. Hoy se conocerán ambas familias y convivirán. Patricia está feliz de saber que la aman como es, de querer a Carlos lo suficiente para unir su vida en matrimonio.

Carlos lleva escrita unas palabras en un papel, además contrató un trío musical para que, después de pedir la mano de Patricia, le canten la canción que tanto les gusta a los dos: "Usted... es la culpable."

¿Qué sucedió en el cerebro de ambos?

El cerebro de Carlos vio en Patricia el patrón ideal de belleza, aquel que aprendió desde que era un niño. Ni siquiera era consciente de lo que estaba sucediendo en su cabeza: le encantan, como a la gran mayoría de los hombres, las mujeres que tienen simetría de cara, la piel hidratada, los ojos grandes y una relación armoniosa entre la nariz y la boca. Si bien este patrón depende también de aspectos culturales y psicológicos, influyen demasiado en el momento de escoger a una persona para estar a nuestro lado. Tener simetría de cara refleja la salud de la persona.

En el caso de Carlos, él está tratando de escoger a través de la vista buenos genes, que equivalen a una salud adecuada. En el caso de Patricia, ella tuvo más elementos neurobiológicos para escogerlo: por un lado, oler la proteína del complejo mayor de histocompatibilidad, que indica que entre más diferentes sean entre ellos, a las mujeres les llama más la atención un varón. Además de lo anterior, la evaluación de la cara, la apreciación de inteligencia, la capacidad de compenetración, la amabilidad y los valores semejantes a los de ella, asociados a un buen sentido del humor, son elementos que hacen que el cerebro de una mujer decida qué hombre será elegido para ser el padre de sus hijos. Otros factores que pueden llegar a ser importantes son que éste tenga recursos materiales y un estatuto social elevado.

Durante la fase fértil del ciclo menstrual, como la ovulación, el cerebro de la mujer tiene incrementos importantes de estrógenos y dopamina. Por esta razón, las mujeres se pueden fijar en características biológicas que en otras etapas de su ciclo menstrual no serían tan importantes, por ejemplo, las cejas, la barbilla y los ojos. Después de esta etapa del ciclo menstrual, los rasgos de virilidad evaluados por una mujer disminuyen significativamente su importancia.

La atracción hacia una pareja en el cerebro no es un fin en sí mismo; a través de ella garantizamos la transmisión genética. Los miembros más atractivos de una población tienen mayores posibilidades para reproducirse. El cerebro busca la belleza la gran mayoría de las oportunidades que tiene, identificando los rasgos de la cara, asociando la armonía que existe entre los hombros y la cadera. Desde que somos apenas unos bebés, el cerebro siempre va a preferir rostros bellos, sanos y jóvenes para sentirse protegidos. No hay flechazos fugaces para explicar un amor eterno, porque en principio ni son flechazos y difícilmente se puede hablar de procesos eternos. Las parejas con mayor éxito son las que tienen intereses comunes, valores compartidos y rasgos de personalidad en común. La primera etapa del enamoramiento es muy importante para el cerebro, ya que de ella depende el grado de atracción y las probabilidades de permanecer juntos. Las parejas que utilizan palabras similares para definirse tienen mayor probabilidad de querer verse más ocasiones. Escribir mensajes breves con puño y letra favorece aún más la situación de apego, en otras palabras, el lenguaje pronostica y favorece el éxito de la pareja.

Cuando evalúa una pareja, el cerebro memoriza y capacita los procesos cognitivos para entender el atractivo físico y sexual de una persona. Vemos en la gran mayoría de las personas que nos gustan una sonrisa mágica, escuchamos con mayor motivación su voz y nuestro cuerpo manifiesta grados de excitación. De otra manera, nos tardaríamos mucho en responsabilizarnos de la elección y la fidelidad de la pareja.

El cerebro de hombres y mujeres entiende la atracción sexual, pero no lo hacen con la misma dinámica y velocidad, la evaluación y el inicio del enamoramiento no es de la misma intensidad. Ellas se van a tardar más en otorgar una evaluación completa. En contraste, los varones suelen ser inmediatos, pero activos y ansiosos para demostrar su conducta afectiva. La parte más inteligente del cerebro, la corteza prefrontal, gradualmente empieza a tomar decisiones en la medida que conocemos a la pareja. La proyección, los filtros sociales y las consideraciones que vamos haciendo de la pareja en el transcurso de una relación van modificando nuestras palabras y conductas, a veces para mejorar la relación y, en otras tantas, para empeorarla. Además de los cambios neuroquímicos en el cerebro y la activación de regiones neuronales, los factores sociales y psicológicos están directamente en entender las condiciones, actitudes, poses y señales que nos atraen de algunas personas. Nuestra cultura y juicio crítico, así como las normas que imperan socialmente, favorecen o disminuyen eventos amorosos de nuestra vida.

Entre mayor sea la recompensa, mayor es la atracción, y viceversa. Al elegir a nuestra pareja, nuestro cerebro tiene una gran fijación por su atractivo físico y, en segundo término, por sus condiciones sociales. Al inicio de cualquier enamoramiento solemos ver más atractiva a la pareja de lo que es. De esta manera, la parte social es un reforzador positivo del mensaje biológico que se encuentra en el cerebro. Cuando iniciamos una relación, nos atrae el poder adquisitivo de la persona, lo atractivo de sus ojos, su manejo de la información, su inteligencia y lo bien que nos trata. Las mujeres son seducidas por el dominio y el poder de sus novios, los varones son más seducidos a través de los procesos visuales, son más prácticos y menos cuestionadores. Sin llegar a ser un determinismo biológico y sin querer explicar que todas las relaciones van en función de esto, la gran mayoría de los seres humanos tienen esta manera de iniciar la atracción que sienten por su pareja.

Es evidente que entre más creativa y mejor sentido del humor tenga la pareja, los procesos de enamoramiento se dan en forma más rápida. Los elementos emocionales y no racionales enriquecen la forma en la que nos enlazamos a la persona que nos gusta. La gran mayoría de las ideas más creativas, originales e increíbles aparecen cuando menos estamos pensando en el problema. De tal manera que la creatividad tiene una función social para el cerebro: atraer más a las parejas por un proceso de admiración. Sin embargo, no todas las formas de creatividad son atrayentes. El cerebro se enfoca en aquellas personas relacionadas con los ámbitos tecnológicos, aquellos que componen música, cantan o tienen reconocimiento público, como los deportistas y artistas. Es necesario reconocer que cuando conocemos todos los rasgos creativos de la pareja, los normalizamos y disminuye el grado de admiración. A esto se le denomina desensibilización por el fenómeno del obtenido. Todos, sin excepción, pasamos por esta etapa, de tal manera que tomar la decisión de seguir en una relación o separarnos indica cómo estamos manejando este proceso. Si somos jóvenes, solemos buscar a otras personas. Con madurez y una corteza prefrontal más desarrollada y conectada, solemos quedarnos con la pareja, aun conociendo sus errores y su personalidad.

CAPÍTULO 14

La decisión más importante de amor, sin amor

Se conocieron una tarde de enero. Sonia, de 27 años, alegre, siempre robaba la atención por su candidez, sus enormes ojos y su piel blanca que contrastaba con un pelo negro que le llegaba a los hombros. Era de mente ágil y querida por la gran mayoría de las personas. Ella provenía de una familia compuesta por sus padres, una hermana y su abuela materna. Las dificultades económicas no le permitieron estudiar una carrera universitaria. Se ajustó sin decir más a las condiciones precarias de una familia de nivel socioeconómico medio. Sonia pensaba en el amor como un evento necesario que todas las personas deberían tener, ella sabía que el amor llegaría su vida tarde o temprano. Había tenido sólo dos novios, uno en la secundaria y otro en la preparatoria, ninguno de ellos de gran trascendencia. Le enseñaron lo que era la ilusión y le dieron el entendimiento de que el amor es más fuerte con la madurez.

Rafael, un hombre de tez morena no mayor de 35 años, es el arquetipo del hombre bravucón, grosero, de desplantes, engreído y altamente competitivo, enamorado de todas sin interés real por ninguna. Es aspirante para obtener el grado de maestría en economía, inteligente en el trato, a veces seductor, a veces lejano. Rafael vivía con su madre, Eva. De su padre únicamente supo que los abandonó cuando él tenía nueve años, sin razón aparente. Este hecho siempre le generó vergüenza y enojo. Su madre era el principio y fin de sus días, por ella se sentía importante, a ella le dedicaba sus esfuerzos. Eva siempre repetía que le había otorgado a Rafael lo que ella no había tenido, no había necesidad de un padre. Solía pensar que su madre había dejado su vida de lado por dedicársela a él. Eva era artífice de que Rafael siempre fuera impecable a cualquier lado: camisas limpias, almidonadas, pantalones perfectamente planchados, zapatos impresionantemente brillantes y un cuidado refinado de sus uñas. Vivían en un departamento modesto, sin lujos, pero ordenado y escrupulosamente limpio. Rafael había tenido siete novias. Todas sus relaciones tenían en común las groserías, el abuso y la misoginia, ninguna de ellas terminó bien y todas sus ex novias se refieren a Rafael con gran dolor y decepción.

En la oficina, Sonia y Rafael a veces se sonreían, ella buscaba seguirlo con su mirada, sus ojos coquetos embellecidos por un rímel barato y maquillaje moderadamente aplicado a las primeras horas del día. En ocasiones se platicaban fragmentos cotidianos sin trascendencia. No obstante, Rafael casi nunca respondía a las invitaciones silenciosas de las pupilas de Sonia. La vida podía seguir así, hasta que un día, envalentonada por las mariposas en su abdomen, seducida por ese pelo corto, las grandes manos y la loción de Rafael que la embelesaba, Sonia le pidió que se quedara junto a ella en la mesa de empleados en la fiesta de fin de año de la empresa. Eran ya diez meses de miradas y de risas superfluas, así que ella pensó que uno de los dos debería tomar la iniciativa. La convivencia, las risas, la música, el baile y el alcohol hicieron su efecto. Ahí, poco a poco, Rafael empezó a seducir a Sonia; ella le otorgó sus labios sin mucha resistencia.

Sonia y Rafael empezaron una relación de altibajos, de apasionamientos, de violencia y abandonos. Por momentos él era demasiado violento, solía pedir perdón cuando le dejaba moretones en las manos, brazos y piernas, le arrancaba mechones de pelo o le rompía la ropa. Era común que Rafael la culpara de su mal carácter, de su violencia desmedida y de sus agresiones constantes. Era tal el convencimiento de los hechos que Sonia llegaba a pensar que era culpable de todo lo malo que sucedía entre ellos. Su autoestima iba mermando, su alegría fue disminuyendo y su sonrisa se fue apagando. Él la golpeaba, ella lo negaba. Cuando ella era consciente de que las cosas no estaban bien y quería retirarse de la relación tóxica, él aparecía con regalos: ramos de flores, muñecos de peluche o libros que a ella le gustaban. Era sólo cuestión de tiempo, ella solía perdonar a Rafael ante sus promesas de que cambiaría. Era una relación de lágrimas, abandonos y encuentros.

En sus conversaciones cotidianas nunca aparecía al tema de la figura paterna por parte de Rafael. Él siempre ninguneaba el trabajo, la responsabilidad y el cariño que el padre de Sonia le había dado. Su lenguaje misógino era cada vez más frecuente. Rafael siempre remarcaba que ella se le había ofrecido, que no era lo suficientemente hermosa para sus estándares de belleza. En realidad, él pensaba que Sonia tenía mucha suerte en haber obtenido su amor, ya que estaba convencido de que muchas mujeres lo deseaban y que Sonia era poca cosa para él. Esto le generaba tanta tristeza a ella que la motivaba a no querer verlo por momentos, sin embargo, se daba cuenta de la posibilidad de que él la dejara y eso la aterrorizaba. Sonia no podía concebir su vida sin Rafael. La relación se había convertido en una dualidad amor-odio, una codependencia.

Eva no quería saber de Sonia, si acaso alguna vez fue mencionada en una conversación, el tema fue callado inmediatamente. Ninguna mujer estaría a la altura de los estándares de una suegra perfeccionista. Desde los diez años de Rafael, Eva solía decirle a su hijo: "La mujer que entre a esta casa será con la que te cases, hijo. De otra manera, olvídate de traerme a mujeres que solamente tratan de aprovecharse." Lo que era un comentario de generaciones poco congruente fue una sentencia lapidaria sobre la relación de Sonia y Rafael.

Fue la espontaneidad de Sonia la que motivó un encuentro entre ella y Eva. Era una tarde de marzo, después de año y medio de relación. Sonia pensó que podía convencer a la madre de Rafael de que era una buena novia, posiblemente esto podría ayudar a mejorar la relación con Rafael. Sonia fue al departamento de su amado. En realidad, ella sabía que no estaría ahí. Con el pretexto de llevarle documentos de la oficina, Sonia tocó varias veces la puerta del departamento de su novio. Eva abrió la puerta. La mujer de casi 60 años no se sorprendió, observó con detalle la ropa desgastada y los zapatos viejos de Sonia. Casi no la escuchó y no la invitó a sentarse en la sala de la casa cuando terminó su mensaje.

Eva sentenció: "Tú no tienes nada que hacer aquí, niña. No es descortesía pero no vuelvas a venir. Si en realidad quieres a mi hijo hazle un favor: déjalo y consíguete a alguien como tú."

En el encuentro entre las dos mujeres sucedieron dos cosas: Eva confirmó que Sonia era poca cosa para su hijo; en contraste,

Sonia pensó que era el momento de luchar aún más por el hombre que amaba y confirmar que podía convencer a dos personas con su amor. No solamente podría ser una buena esposa sino también en el futuro ser una buena nuera.

Rafael accedía a acompañar a Sonia a eventos sociales a regañadientes. Él casi no la visitaba en su casa, la familia de ella apenas lo conocía. A casi dos años de noviazgo las discusiones eran más frecuentes y los detonantes de las mismas eran más banales. Las cartitas de ella hacia él iban desapareciendo, así como sus amistades. La relación entre Sonia y su hermana se fue haciendo casi nula, apenas hablaba con su madre. Sonia poco a poco se fue convirtiendo en una sombra. Aparecieron unas pequeñas manchas en sus mejillas, tenía más sueño, le daba mucha hambre, se sentía asustada, ansiosa y atemorizada. Se realizó una prueba de embarazo en el baño de su casa; sí, el embarazo se confirmó.

La noticia del embarazo enfureció a Rafael: amenazó con golpearla, decía que ella era la culpable de romper su vida, de cambiarle los planes, de amarrarlo, de ser deshonesta y aprovecharse de su posición. La culpó del embarazo, incluso le preguntó varias veces si en realidad él era el padre de la criatura que estaba en su vientre. Rafael le propuso interrumpir el embarazo, él sabía cómo hacerlo, tenía amistades que podían ayudarlos en ese aspecto. Le prometió casarse con ella si Sonia abortaba. Le prometió viajes, un auto, incluso vivir solos. Estaba desesperado, no podía creer semejante noticia, no podía someterse al descrédito social, la vergüenza y la sensación de sentirse vulnerado. Le dijo que si no hacía lo que él le decía, entonces la abandonaría a su suerte. Ella se sintió sola y humillada, pero tenía firme convencimiento de estar dispuesta a tener a su hijo. Fue determinante:

él aceptaba el embarazo o ella lo abandonaba. Sonia enfrentó a Rafael con gran determinación, él se dio cuenta de que ella no interrumpiría el embarazo.

Sonia se fue a vivir a la casa de Rafael y su suegra sin casarse, con la desaprobación de sus padres. Ella aceptó todas las condiciones, por más humillantes que fueran, con el afán de mantener a su familia unida, a cambio de criar a su hijo con su padre. Aceptó ser la criada de la casa, lavar la ropa de todos, cocinar, planchar y esperar la llegada de Rafael por las noches, a levantarse antes que todos y aceptar los desdenes y las humillaciones de Eva. Entendió que tenía que aceptar la culpa de cualquier problema, grande o pequeño, sin contradecir. Sonia siempre pensó que el amor y ahora su bebé podrían cambiar ese ambiente nocivo, nunca se dio cuenta que Rafael y su madre se convencieron más de la opinión que tenían sobre ella: siempre fue la ofrecida, la poca cosa, la fea y la oportunista. El embarazo siguió su curso entre penurias, humillaciones y poca empatía.

El pequeño Rafael nació en agosto; era la viva imagen de su padre. Sonia se convirtió en una madre atenta a todos los detalles de su bebé, era el motor de su vida. Ya no le importaban los reproches, las malas caras, las groserías ni los condicionamientos para comer. Su hijo le dio una fortaleza que ella nunca imaginó y que la ayudaba a pasar los días a pesar de que se daba cuenta de que Rafael le estaba siendo infiel: regresaba a deshoras de la oficina con el cuello de la camisa manchado de lápiz labial. Siempre escuchaba los mismos reproches y humillaciones de Eva, que le decía: "Él se va a conseguir a una mujer mucho mejor que tú."

Las sonrisas, travesuras y los llantos del niño no convencieron a Eva de ser abuela ni a Rafael de cambiar sus rutinas de soltero.

La llegada de una nueva vida a ese departamento no motivó la ternura ni el perdón.

El pequeño Rafael tenía siete meses de edad cuando Sonia tomó una llamada telefónica que cambió completamente su manera de pensar: "Hola, diga...", dijo Sonia. Una voz femenina le contestó:

"Sonia, no agradezcas la llamada, tú no me conoces, pero yo a ti sí. Soy la novia de Rafael, sé que tienes un hijo de él, nunca te ha amado ni te amará. No intentes colgarme el teléfono, sólo escúchame, por favor. Rafael llegó a mi vida hace un año, nos amamos, aquí salen sobrando tú y tu hijo. Ten dignidad de mujer, déjalo."

"¿Y por qué habría de hacerte caso? No te conozco, no me enfrentas personalmente, sólo por teléfono."

Del otro lado del teléfono, la mujer le dijo: "Porque estoy embarazada, es momento que lo sepas y es momento que te vayas de su vida. Si en realidad no me crees, pregúntale a Rafael de mí, de nuestro hijo y de nuestra próxima boda."

"¿Pero, quién eres?"

"Soy Verónica, sólo eso debo decirte", tan pronto dijo esto, colgó.

Sonia se quedó impresionada, ya había pasado demasiado. ¿Era real? ¿Era broma? Esperó pacientemente a Rafael. En la noche, cuando estaban a punto de cenar, ella le informó sobre el contenido de la llamada de la tarde, esperando ingenuamente que él negara todos los hechos. Con cinismo, Rafael le dijo que Verónica existía, que no sabía si en realidad estaba embarazada, pero evidentemente estaba pensando casarse con ella. Eva sólo movió la cabeza y con una sonrisa sardónica apenas susurró: "Te lo dije." Nunca había visto tanta insolencia ni presenciado tanto cinismo.

Sonia sintió un dolor en el abdomen acompañado de un mareo, las manos le temblaron, sintió calor por todo el cuerpo y una rabia terrible acompañada de tristeza y ganas de llorar. Se quedó callada, como muchas veces en tres años de tanta violencia. Ya no tenía lágrimas, no tenía presente, no tenía familia ni amigos, sólo su hijo. Rafael se fue a dormir, Eva hizo lo propio. Sonia se quedó sola en la estancia, sin hacer ruido se metió al cuarto, sacó cuidadosamente a su hijo de la cuna y lo acostó amorosamente en el sillón de la estancia. Regresó a la mesa, tomó pluma y papel y le escribió su última carta a Rafael:

Querido Rafael:

Cuando leas estas notas yo estaré muy lejos de ti, sin ti, sin tu amor. Nunca fui nadie, no me di cuenta, no me quería dar cuenta. No logré convencerte de mi amor, ese que tantas veces te di y tú rechazaste. Quise convencerte de hacer una vida juntos. No me importaron tus palabras equivocadas, tu violencia, tu desdén. Pensé erróneamente que algún día me querrías, como yo siempre te he querido a ti. Viví humillada por ti y por tu madre, pero hoy me convenciste de que eso ya no puede ser, no por haberme enterado que hay otra mujer en tu vida, sino porque no tuviste la fortaleza para defender a tu hijo. Ya no voy a tratar de convencerte de que estés a mi lado, hoy entendí que tanta violencia no solamente me hará daño a mí, también dañará a nuestro hijo. Nunca te preocupaste por él, ni siquiera lo hemos registrado. Yo renuncié a mi familia, como ahora renuncio a ti. Lo hice por amor, a cambio de nada, y así me voy de tu vida, sin nada.

En estos años me has dado una gran lección, me hiciste creer en el amor y a madurar sin él. Has sido el mejor maestro para fortalecer la parte que me faltaba: verme más a mí. Voy a hacer de nuestro hijo un hombre de bien, no le va a faltar nada, porque, a diferencia de Eva, mi hijo va a tener una explicación adecuada del mundo y sabrá respetar a las mujeres. No te dejo, Rafael, te doy la oportunidad de que trates de ser feliz con quien tú quieras, porque sé que al final de tu vida no vas a ser feliz con nadie.

Hasta pronto,
Sonia

Dejó la carta junto a la almohada y se fue de ese departamento en silencio.

¿Qué sucedió en el cerebro de ambos?

El enamoramiento sucede en el cerebro como un proceso neuroquímico que depende de la liberación de dopamina, oxitocina, noradrenalina y endorfinas en los primeros momentos que conocemos a una persona. Erróneamente pensamos que eso es el amor. Este proceso de enamoramiento es transitorio, se limita, y normalmente no dura más de tres años, aunque en algunas personas puede llegar hasta cuatro. El enamoramiento quita la lógica, la congruencia y la objetividad neuronal. El proceso neuroquímico limita la actividad de la parte más inteligente del cerebro, que es la corteza prefrontal. Entre más enamorados estamos, las emociones positivas se incrementan, proyectamos nuestras subjetividades a la persona amada y solemos verla sin defectos, rodeada de virtudes que no tienen. Esta es una de las razones más importantes por la cual el enamoramiento se equivoca al escoger una pareja, con el transcurso del tiempo solemos ver esto con mayor objetividad.

Al llegar al fin del enamoramiento pueden suceder dos cosas: podemos identificar que la persona a la que amamos no le corresponden todas las virtudes que anteriormente le atribuimos, pero aún en esas condiciones la queremos y la aceptamos en su verdadera dimensión. El amor se convierte en una decisión, trasciende en un proceso real que acepta y que no condiciona. Por otro lado, sucede que el cerebro quiere volver a enamorarse, pero de otra persona. Desea volver repetir el ciclo de motivación, energía, experiencia positiva, sexualidad y apasionamiento, generando ciclos motivantes de redes neuronales que están relacionadas con las adicciones farmacológicas. Por eso, esta etapa también es conocida como un fenómeno de adicción: el enamoramiento se convierte en un proceso que genera tolerancia y dependencia, y que ante la ausencia del ser amado puede generar una abstinencia que solamente la persona de quien estamos enamorados puede remediar.

El cerebro de Sonia fue el que se enamoró. Cumplió todas las fases del proceso de enamoramiento: motivación, realización y conclusión. Ella sabía desde el inicio que Rafael no era la mejor persona para amar, pero ella lo escogió. El cerebro de las mujeres puede oler el complejo mayor de histocompatibilidad, una proteína relacionada con el sistema inmunológico que modula el rechazo de células cancerosas y bacterias en nuestro cuerpo. Si esta proteína es diferente a la de los genes de una mujer, al cerebro de ellas le parece muy atractivo. Por eso, sin que lo sepan, al oler está molécula en un varón pueden desarrollar la sensación de necesidad y atracción por esa persona. En contraste, si la proteína se parece a la que codifican sus genes, entonces este hombre será rechazado, por más guapo y atractivo social que tenga. Por eso existe el rechazo de consanguinidad entre hermanos, ya que el cerebro de las mujeres rechaza genes semejantes a los de ella. Debido a que la etapa reproductiva de una mujer es corta comparada con la de un hombre, las mujeres tienen mayores estrategias neurobiológicas para reconocer e identificar a posibles parejas sexuales. Esto garantiza que si escoge una pareja con genes diferentes a los de ella sus hijos tendrán un mejor sistema inmunológico y mejor capacidad de adaptación biológica. Esto no lo tienen los varones. Por eso un hombre escoge de acuerdo con su estrategia visual y los niveles de testosterona que tiene en el cerebro.

Cuando las condiciones sociales son más adversas, el cerebro humano suele responder de una manera biológica muy interesante: se obsesiona. De tal manera que cuando estamos enamorados y existe una oposición, social a la relación, es decir, se otorga una orden de que la posible pareja no nos conviene, el cerebro –en especial una estructura denominada área tegmental ventral– libera más dopamina. La oposición nos genera obsesión; entre más oposición el cerebro se esfuerza más por demostrar lo contrario. En el campo de las neurociencias se conoce este proceso como fenómeno Romeo y Julieta. Entre más enamorados estamos, generamos más liberación de dopamina y endorfinas. Esto es mayor en cerebros de adolescentes y de jóvenes.

En la etapa de enamoramiento, Sonia tuvo poca objetividad y mucha emoción. Pensó que con su amor podía cambiar la personalidad de varias personas y la realidad en la que se encontraba. Esto es muy común cuando las concentraciones de dopamina en nuestro cerebro son muy elevadas. Por esta razón, cuando estamos muy emocionados somos menos inteligentes y generamos mucha subjetividad en nuestras decisiones. Ella se dio cuenta a lo largo de su relación, especialmente cuando ya estaban disminuyendo los niveles de dopamina, de su realidad tangible: no existía una retroalimentación positiva de sus actos. Su cerebro le había hecho pasar una experiencia terrible de la cual se aprende con mucho dolor. Escogió a una pareja de la cual se había enamorado tanto que había generado dependencia.

Rafael tuvo una terrible experiencia a los nueve años: el abandono de su padre. Entre los ocho y doce años, el cerebro de todos los seres humanos pasa por un periodo crítico de la formación y crecimiento anatómicos que impacta al proceso de maduración biológica. Las estructuras cerebrales relacionadas con la generación e interpretación de emociones, así como las estructuras neuronales integradas con la memoria, se conectan y se adaptan antes de los 15 años.

Si un individuo es testigo de violencia o expuesto a abandono social o maltrato durante este periodo, las estructuras cerebrales para la interpretación de emociones están condenadas a normalizar estas conductas. Por esta razón, los maltratadores sociales, violentos, infieles y misóginos tienen en común una infancia y adolescencia que dejaron huella en su cerebro. Es decir, el cerebro humano interpreta los hechos de la vida de acuerdo con el cableado anatómico que tienen las estructuras neuronales, como el giro del cíngulo, la amígdala cerebral y el hipocampo. Ver violencia genera violencia en la etapa adulta, la normaliza, la adapta. Ser abandonado en la infancia disminuye las sensaciones de culpa al generar abandono en la etapa adulta. Ser testigo de actitudes misóginas hace que se consideren normales cuando ese cerebro llega a la madurez. Esta explicación neurobiológica puede parecer una justificación de las personas tóxicas, violentas y maltratadoras, sin embargo, es muy importante poner en contexto y en su justa dimensión a una pareja misógina, agresiva o que abandona. La pregunta siempre será: ¿Qué le sucedió entre los 8 y12 años para atreverse a hacer lo que hace?

Un bebé modifica la estructura del cerebro de su madre. Un embarazo causa cambios hormonales y de neurotransmisores, atenuando la densidad del hipocampo, una estructura relacionada con la memoria y el aprendizaje. Una mujer embarazada suele cambiar su forma de ver la vida. Si una mujer desea tener a su hijo, su principal preocupación es la salud de su bebé. Antes de ser madre, una mujer suele arreglarse para causar buena impresión en el sexo opuesto. Sin embargo, cuando se convierte en madre su principal preocupación es el cuidado de su hijo; cambia el proceso ególatra por una condición de solidaridad y cuidado por sus genes, por su hijo.

A nivel cerebral, los primeros cambios en una madre son la disminución transitoria de la memoria y un incremento en la liberación de oxitocina, la hormona del apego. Este es un proceso de evolución que tienen todos los mamíferos, sin embargo, en el ser humano se ha identificado como una de las manifestaciones pro sociales más importantes: la mujer genera más procesos de solidaridad, no solamente con su hijo sino también con otras madres. De esta manera, la relación con el padre inicia un proceso de separación transitoria para cuidar al menos durante los siguientes 15 a 18 meses la salud de su hijo. Ser madre le permite ser socialmente más independiente. Entre muchos procesos, esto puede ser uno de los principales elementos que está detrás de la decisión de una madre de ser independiente.

Finalmente, no se puede dejar fuera el aspecto psicológico y social de esta relación tóxica. Por parte de Rafael y su madre, queda de manifiesto que cuando lo aprendido por el cerebro es reforzado continuamente como un proceso exitoso, hace que una persona con datos psicopatológicos los esté repitiendo constantemente, sin cuestionar y sin tener un freno social adecuado. De esta manera, los procesos sociales tienen un determinismo biológico, alterando la liberación de algunos neurotransmisores para cambiar el proceso de culpa a un proceso de sensación placentera. Se modifican muchos de los elementos de interpretación cotidiana, de manera que la persona no se da cuenta ni identifica que está lastimando a otras personas. Muchos individuos socialmente fríos, intolerantes o groseros no interpretan adecuadamente las emociones de sus víctimas. Por esta razón, el proceso es aún más complejo de lo que se puede deducir. Muchas de las personas cuyas actitudes y personalidad rayan en lo patológico ni siquiera se han dado cuenta de la toxicidad en la que se desarrollan debido a la normalización de sus conductas y sus interpretaciones de vida. Estudios de sus cerebros indican claramente cambios neuroquímicos y alteraciones en la conectividad de varias estructuras cerebrales.

CAPÍTULO 15

Amor que supera

Alejandra estaba tirada en el piso, su mente estaba obnubilada, no sabía qué estaba pasando. De su nariz y boca emanaba abundante sangre, se encontraba mareada y le costaba mucho trabajo entender su realidad en ese momento. Con dificultad empezó a incorporarse, no sabía cuánto tiempo había pasado, pero justo del lado izquierdo de su cabeza se encontraban los zapatos de Axel. Él estaba sentado en el sillón junto a ella, la miraba detenidamente, con odio. Alejandra sentía un gran dolor en su cara, era intenso, con su mano izquierda trataba torpemente de parar la hemorragia de su nariz, estaba noqueada. Escuchaba la voz lejana de Axel: "Tú tuviste la culpa, tú me provocaste, tú eres la responsable de esto."

Alejandra empezaba a mover la cabeza, negando lo que escuchaba. Tardó 10 o 20 minutos en incorporarse, fue al baño y se empezó a lavar la cara. La hemorragia cedía poco a poco. Veía su rostro en el espejo, lloraba, lo que veía en el espejo no era lo que mucha gente apreciaba de ella: conferencista talentosa, autora de varios libros y asidua generadora de contenidos para ayuda de la mujer. ¿Cuál había sido el error de aceptar a un hombre violento en su vida? ¿Por qué la había golpeado? ¿Cuándo dejó que esta situación llegara a este punto?

Su llanto era intermitente, escupía constantemente los coágulos de sangre y trataba de sobar el área golpeada de su cara. Se sentó varias veces, le daba miedo abrir la puerta. Axel, afuera, empezaba a pedir perdón, alternaba sus palabras con amenazas y promesas de no volver a hacerlo, le pedía que abriera la puerta. Ese hombre que sentía que amaba ya la había amenazado varias veces con golpearla, abandonarla, y en más de diez ocasiones saboteó varios eventos en los que ella triunfaba... Su mente se iba aclarando, se fue tranquilizando, sabía que había llegado a su fin la relación con Axel.

Alejandra había sufrido mucho desde su infancia. Al nacer había tenido un defecto congénito: su mano derecha no se había formado adecuadamente, había nacido sin dedos. Su pequeña mano derecha era un tronco que llamaba poderosamente la atención a cualquiera que veía a esa niña hermosa. Desde muy pequeña, Alejandra padeció el bullying, los ataques de los niños de su edad, sintió vergüenza y aprendió a ser señalada con diferentes apodos: la manca, la manquita, la sin mano, la pobrecita, la discapacitada. Su madre, doña Graciela, había forzado a su hija a ser fuerte cada vez que la humillaban.

La pobreza extrema de doña Graciela hizo que saliera a vender ensaladas y frutas en la esquina de una de las calles más transitadas de la ciudad. Desde pequeña, Alejandra ayudó a su madre en la preparación de los cocteles y ensaladas, a cobrar y apuntar con exactitud los pedidos. Cuando apenas tenía tres años, uno de los clientes asiduos de ese puesto, el doctor

Manríquez, le ofreció a doña Graciela operar a la niña. Si bien no podía disminuir considerablemente la discapacidad, sí era posible, a través de injertos, agregar dos dedos, trasplantando los de los pies a la mano. Al principio, doña Graciela se negó, dubitativa, a tal sugerencia. Gradualmente fue cambiando esa consideración: su hija había sufrido por las burlas y la atención negativa por el defecto que tenía en su mano, ella haría todo lo posible por pagar la cirugía. El doctor Manríquez ayudó considerablemente, en forma altruista, doña Graciela y a su hija para ingresar rápidamente al hospital y realizarle el procedimiento quirúrgico. El doctor pagó todos los costos y la rehabilitación de la niña.

No fue una, a lo largo de tres años la pequeña Alejandra fue operada nueve veces de su manita, entre el trasplante, la obtención de colgajos, restauración de vasos sanguíneos y cirugías plásticas. La pequeña mano de Alejandra pudo tener dos dedos prensiles, un pulgar y un dedo índice. Esa etapa dolorosa de entrar varias veces al quirófano, despedirse de su madre con la esperanza de volver a tener su mano, de sufrir los dolores de la recuperación, con la sensación de que no estaba completa, marcaron la infancia de Alejandra. Desde esa edad, Alejandra supo que la vida le iba a ser más difícil, la única manera de contrarrestar las burlas y marcas en su autoestima era estudiando para ser la mejor en su clase.

Alejandra no tenía padre, las abandonó cuando Graciela tenía tres meses de embarazo. Doña Graciela había sido todo el apoyo en la vida de Alejandra, la congruencia y la fortaleza para no dejarse caer se lo debía a ella. Su madre le hablaba fuerte cuando regresaba triste de la escuela y sabía que la habían ofendido con los apodos ya conocidos: “¿Qué pasó mi amor? ¿Otra vez?”

"Sí, mamá, me volvieron a encerrar durante el recreo en el salón de clases, me gritaron manquita y me obligaron a ponerme un guante. Me decían verdulera. Ya no puedo mamá, ya no quiero ir a la escuela, ¿qué daño les hago? Les doy miedo, a mí tampoco me gusta mi mano, yo tampoco quisiera estar aquí..."

Graciela interrumpió rápidamente a su hija: "No, mi amor, tú eres diferente a los demás, porque eres mejor, porque tienes una capacidad mayor, eres inteligente. Que te quede muy claro, eres más inteligente que todos. Y no eres verdulera, nuestro trabajo es muy limpio y honesto."

"Mami, yo solamente quiero una manita."

"Así como estás eres bella, Alejandra, así te quiero." Dicho esto, Graciela la abrazaba, la besaba y le hacía cosquillas. Las lágrimas de Alejandra se convertían en sonrisas, su madre no dejaba por ningún momento y en ninguna circunstancia que su hija fuera ofendida.

Al día siguiente, doña Graciela se paró en la escuela para hablar con los maestros y los padres. Les dejó muy claro que la próxima vez que ofendieron a la niña se las verían con ella, estaba dispuesta a cualquier consecuencia verbal o violenta para aclarar que Alejandra no estaba sola. Estos hechos marcaron a Alejandra toda su vida. Cuando sentía miedo o empezaban a burlarse, evocaba el recuerdo de su madre y se tranquilizaba.

Los años pasaron, Alejandra demostró un alto nivel competitivo escolar al sacar el promedio más alto de toda la primaria y secundaria. Además de eso, Alejandra hacía mucho ejercicio, estaba inscrita en los equipos de atletismo y de rapel de la escuela. Gradualmente, Alejandra fue mostrando una fuerza de voluntad mucho mayor que cualquiera de sus compañeros. Ella sola era capaz de escalar primero grandes paredes y después montañas, era la inspiración de sus compañeros. Con tan sólo una mano escalaba más rápido que la gran mayoría de sus compañeros.

Graciela seguía trabajando en la calle, nunca se avergonzó de lo que era y cómo se ganaba la vida. Alejandra la ayudaba cuando podía. Su vínculo era muy poderoso, ambas se platicaban y se fortalecían. Así llegó a la preparatoria, Alejandra consiguió una beca, sus estudios estaban asegurados. Llegó a la universidad y decidió estudiar psicología. Quería ayudar a las personas que, como ella, sufrían por dificultades anatómicas, algo que podía resultar desastroso para un espíritu frágil. Se graduó con honores. Graciela estaba muy orgullosa de su hija.

Alejandra escribió un libro maravilloso, contaba las anécdotas de su infancia y de cómo se sobrepuso a las burlas, cómo había convertido su vida en un estupenda historia de superación. Una mujer que, con tan sólo siete dedos, había podido escribir un libro y escalar en paralelo las montañas más altas. Empezó a viajar por todo el país y a dar conferencias, las personas se acercaban a ella con admiración, cariño y respeto. Poco a poco la gente empezó a pedirle consejos y apoyo. En una de esas conferencias, ella le hizo reconocimiento al doctor Manríquez, quien estaba en primera fila. Enfrente de todos dijo que ese hombre había sido uno de los factores más importantes para que pudiera estar ese día dictando la conferencia. El doctor Manríquez lloró y le agradeció, comentándole: "Eres uno de los regalos más lindos que tengo de la vida."

Estando en el norte del país en una gira de conferencias, ya entrada la noche, Alejandra llamó a su madre por teléfono. La escuchó rara y débil. Ella le preguntó qué sucedía, pero su madre no le explicó que sentía un dolor muy fuerte en el abdomen. Le pidió que disfrutara la velada y que se volverían a ver al día siguiente. Esa fue la última vez que Alejandra y Graciela hablaron. Su madre murió esa noche, sola, en un hospital. Ante un mal presentimiento, Alejandra regresó a la ciudad y se enteró de la situación. Fue la primera vez que lloró toda la noche, no había podido estar con su madre en su última morada. Graciela le dejó una gran herencia a Alejandra: fortaleza y dignidad. Alejandra no era débil, tenía un gran futuro digno de vivirse.

Seis meses después, en una conferencia, Alejandra conoció a Axel. Un hombre alto, fornido, guapo. Alejandra nunca había tenido novio, no sabía qué era eso, no conocía la emoción ni la sensación de querer a alguien del sexo opuesto. Ante la soledad de su vida, le llamó poderosamente la atención que podía tener una relación seria con alguien. Estaba dispuesta a hacerlo. Axel se presentó como un prominente empresario editorial, bajo su mando estaban los principales escritores del país. Al platicar con Alejandra él se sintió atraído por ella, sin embargo, ella no era de su total agrado. Tenía un defecto que, según él, le quitaba su perfección. Alejandra le dijo dignamente: "Soy más que una mano, Axel, y si en verdad te interesa una relación conmigo vas a tener qué quererme así, con esta mano."

Tal vez era la soledad que tenía Alejandra, la necesidad de cariño, el enamoramiento tan fuerte, las ganas de que alguien la quisiera o la combinación de varios factores, pero Alejandra no se dio cuenta o dejó de lado las conductas violentas de Axel, su lenguaje agresivo y su desapego constante. Era su voluntad de no saber, de no querer darse cuenta mientras más se enamoraba de él.

Al mes de estar juntos, en un viaje en el que Axel alcanzó a Alejandra, iniciaron la vida sexual de una manera violenta, dolorosa y humillante para ella. Alejandra nunca había explorado esta parte de su vida, jamás se había dado esa oportunidad. Alejandra reconocía que el maestro que tenía frente a ella era muy duro, violento y manipulador; ella quería convencerse de que la relación que tenía podía mejorar. La ira de Axel aparecía cada vez más rápida ante detonantes pequeños, más cuando Axel bebía alcohol. La vida al lado de Axel inició con contrastes marcados, cada vez menos felicidad, con tragos amargos. Cuando Axel la acompañaba a sus conferencias, él la ninguneaba, le quitaba méritos, la criticaba de todo: de su forma de vestir, de su dicción, de sus movimientos. Para Axel, sus libros eran basura, mal escritos. Cada vez que podía, la desaprobaba, primero a solas, pero gradualmente lo hacía en público.

Ella hacia lo que él quería, incluso se casaron a escondidas, no hubo festejos. Alejandra fue cambiando gradualmente su manera de vestir, de ver la vida. Se fue transformando en una persona con problemas de congruencia. En sus conferencias era ella: libre y feliz, alzando la calidad de mujer; pero cuando se encontraba con Axel era gris, no hablaba y no tenía aspiraciones.

Cuando Alejandra le dio a Axel su libro más reciente para que lo revisara, éste no paró de criticarla, ofenderla y humillarla. Alejandra volvió a sentir en su cuerpo la sensación de burla de cuando era niña, la incomodidad de sentirse criticada sin sentido. Con ganas de llorar recordaba a su madre, sus recuerdos le traían lo más doloroso de su infancia y, al mismo tiempo, le recordaban lo fuerte que era. Después de tres años de relación, Alejandra le contestó a Axel: "¡Basta! Puedes criticarme, pero no me ofendas, no soy tu manca, no estoy incompleta. ¡Basta! No soy tonta, soy muy valiosa e inteligente, ya no me voy a callar, estoy harta de que me trates así, humillándome siempre..." No terminó de decir la última frase, Axel la golpeó en la cara con el puño con tal brutalidad que la hizo caer al piso, a sus pies. Así pasaron diez minutos, largos y penosos.

Durante 2 semanas, llegaron ramos de rosas a la casa, con una tarjeta pidiendo perdón. Alejandra tiraba las flores a la basura inmediatamente. Decidió iniciar el proceso de divorcio. Recibió amenazas por mensajes, correo electrónico y documentos. Al tercer mes del proceso de divorcio, Alejandra se dio cuenta de un pequeño detalle: no había menstruado. Su ropa se le ajustaba cada vez más. Se realizó una prueba de embarazo y supo que estaba esperando un hijo. Nuevamente, la vida le daba una sorpresa, en la adversidad más profunda, en los periodos críticos, se abría una esperanza.

Alejandra se divorció sin decir nada de su embarazo, le dio todo lo material a Axel, la casa, la cuenta bancaria, su auto. Se cambió de ciudad, se alejó de amistades en común. Modificó su vida, inició una nueva etapa, reinició su trabajo. Llegó el día del parto, lloraba de felicidad y miedo. Así vino a la vida Victoria, su pequeña hija. Al momento de tenerla en sus brazos, la besó. Era un milagro tenerla, escucharla, conocerla, le vio las manos a su hija: ¡Completas!, íntegras, ya no había miedo. No podía agradecer más a la vida.

Pasaron 10 años, Alejandra regresó a participar en una serie de conferencias en la ciudad. Su éxito era rotundo, la admiración y cariño de la gente se había quintuplicado. Ahí, en la presentación de su libro más reciente, estaba Axel. En el mismo auditorio, la hija de ambos estaba sentada en primera fila. Al final, con cierto miedo, Alejandra permitió que Axel se acercara a saludarla. Ella fue cordial, pero en esta ocasión fría y asertiva:

"Buenas noches, Axel, me disculpas, no tengo tiempo de hablar contigo."

"Estas preciosas, muy linda, el tiempo no pasa por ti, Ale."

"Gracias, hasta pronto."

En ese momento, Victoria se acercó a su madre: "Mami, que hermosas palabras nos regalaste, la gente te quiere mucho." Axel vio a la niña, entre una mezcla de sorpresa, miedo e incertidumbre volteó a ver a Alejandra: "¿Eres mamá? ¡Tienes una hija!"

Alejandra se sintió mareada, no quería que Axel supiera que era el padre de Victoria: "Sí, es mi tesoro, hermosa e increíble."

Axel se dirigió a Victoria: "Hola nena, ¿cómo te llamas?"

"Victoria," respondió la niña, sonriendo coqueta e infantil, "¿y tú?" Axel respondió a la sonrisa increíble de Victoria: "Me llamo Axel y soy tu amigo," le extendió la mano, y la niña le extendió también su pequeña mano: "¡Mucho gusto!"

Alejandra interrumpió: "Discúlpame, Axel, nos tenemos que ir." Su corazón estaba a punto de estallar. Él dijo: "Permíteme acercarme a ti, dame una oportunidad de platicar contigo. No importa que tengas una hija de otro hombre, yo te acepto así, soy capaz de perdonar todo."

Alejandra, se dio cuenta de que ese hombre no había cambiado en diez años, era el mismo insolente psicópata, ególatra y tóxico. No se dio cuenta de que Victoria era su hija, no vio sus ojos en esa hermosa niña. No se vio reflejado en la piel blanca de su hija, era tan ciego.

"Discúlpame, Axel, no estás en posición de decir nada. Ya soy otra mujer, tengo un compromiso muy grande con alguien que me ama y a quien voy a amar toda mi vida."

"Sí, perdona, lo entiendo."

"Si lo entiendes, respétame, por lo que fuimos, por lo que algún día vivimos juntos."

"Al menos déjame ser tu amigo."

"No, Axel, no te confundas, no eres ni serás mi amigo. No te necesito en mi vida." Alejandra le extendió la mano derecha a su hija, ella le tomó el dedo índice con su pequeña mano. Madre e hija se alejaron de Axel, él las siguió con la vista hasta que se perdieron.

Al salir, Victoria, confundida pero asertiva, le preguntó a su madre: "Mami, ¿te puedo preguntar algo?"

"Sí, mi vida, dime," respondió Alejandra, nerviosa y temerosa.

"¿Con quién tienes compromiso? ¿A quién vas amar toda tu vida?"

Alejandra se dio cuenta de que Victoria había detectado algo en las preguntas y respuestas entre ella y Axel, se detuvo antes de subir al auto y la miró a los ojos: "Victoria, tú eres mi amor, mi compromiso para toda mi vida, eres todo para mí. Eres mi hija y yo tu madre." La besó y la acarició, Victoria se sintió tranquila y feliz.

Pasaron treinta años, Alejandra envejeció, se hizo defensora de los derechos de la mujer. Guardó siempre el secreto de la paternidad de Victoria, su hija nunca quiso saberlo. Alejandra se entregó a su carrera, a cuidar de su hija, y cuando ella se casó, Alejandra vivió feliz, sola, en una casa que compró junto al mar. Victoria cuenta que cuando vio a su madre antes de morir, ella solía caminar junto al mar. Tomaba con su mano izquierda sus dedos de la mano derecha, ahora estaba orgullosa de su discapacidad, se preguntaba qué habría pasado si sus manos hubieran sido simétricas, se perdía profundamente en sus secretos. Alejandra sólo tenía agradecimiento a las personas que le habían permitido ser feliz en la vida: su madre Graciela, el doctor Manríquez, su hija Victoria, sus seguidores y lectores. Cada uno de estos personajes le enseñó a ser consistente, agradecida y a tener esperanza de que todo puede cambiar para ser mejor.

¿Qué sucedió en el cerebro de ambos?

Un cerebro que tiene adversidades o dificultades en la vida madura más rápido. La corteza prefrontal puede establecer una mayor comunicación a edades más tempranas. Los infortunios o desgracias nos retan. Estas comunicaciones, bajo un ejemplo social adecuado, pueden hacer un cerebro resiliente y mejor adaptado. Alejandra nació con una adversidad que la condujo a ser mejor y expresar lo mejor de ella. Ella maduró fisiológicamente y psicológicamente antes que muchos de sus compañeros. Supo desde muy pequeña que a través de un mayor esfuerzo podría sobresalir. Aprendió con el amor de su madre a otorgar amor toda la vida. Un cerebro que recibe oxitocina se hace afable y social, suele perdonar con mayor facilidad y adaptarse a las vicisitudes de la vida.

El cerebro de una mujer tiene grandes ventajas sobre el de un varón: 30% mayor comunicación interhemisférica cerebral; el hipocampo 25% más grande, lo cual puede contribuir a una mayor capacidad cognitiva y memorística; el giro del cíngulo 30% más grande, que les da mayor capacidad de interpretar las emociones propias y de los demás, y 15% mejor comunicación de las áreas de interpretación y ejecución del lenguaje. Los cerebros de ellas son más sensibles al tacto y a las caricias, ven mejor los colores, huelen mejor y disfrutan más los sabores dulces. Su fuente hormonal les permite tener una mejor conexión neuronal y capacidad de respuesta ante estímulos. Son capaces de adaptarse con mayor facilidad a la adversidad. Ellas tienen un mejor sistema inmunológico, están protegidas hormonalmente contra enfermedades isquémicas cardiovasculares y, además, tienen más genes que nosotros en su cromosoma sexual. Hay muchas evidencias científicas que indican que el cuerpo de una mujer está mejor dotado de elementos para sobrevivir a la adversidad. Las mujeres no son el sexo débil.

La sexualidad nace con nosotros, nos acompaña toda la vida. Omitir esta parte suele generar problemas para iniciar nuestra vida sexual cuando somos más grandes. Esta parte introdujo ciertos conflictos en Alejandra, sin embargo, con una pareja madura y con adecuada salud mental, la sexualidad de Alejandra debió ser hermosa y satisfactoria. Pero ante una pareja tóxica, cualquier proceso sexual se convierte en el reflejo de la relación.

El desamor nos enseña aspectos importantes de la vida, nuestro cerebro siempre quiere que nos quieran. Desde que nació, Alejandra tenía algo en contra de ella: una chica hermosa e inteligente, de cuerpo atlético, solía ser calificada como tonta y fea por un defecto en su mano. Desde edades muy pequeñas, el cerebro de Alejandra supo que si se valoraba realmente, sería capaz de amarse a sí misma. Perdió esa capacidad por la presencia de un ser tóxico en su vida. No se puede ir por la vida recogiendo pedacitos de autoestima, ni migajas de amor. Debemos aspirar a sentir emoción y ganas de reír igual que la pareja lo hace.

La compulsividad de Axel fue un rasgo de su personalidad patológica, inflexible y violenta, ineficiente e inapropiada, generadora de placeres inmediatos, que a lo largo de su vida siempre generó consecuencias negativas. La crítica, la culpa, la censura y el miedo no se encuentran solamente en el cerebro de quien lo padece, también en la familia que permitió su generación. Crecer sin límites, sin retroalimentación, va disminuyendo el freno inteligente prefrontal.

Axel se dio cuenta de que Alejandra le despertaba enojo, pero ella no era el problema. Los cambios neuroanatómicos y neuroquímicos generan una alerta constante y violencia aguda, es lo que conecta a un hombre con la parte menos lógica y congruente de su cerebro, y esto es el principal detonante de la violencia. El alcoholismo y algunas adicciones potencian estos factores negativos. Estos factores no atenúan un problema en ninguna relación, por el contrario, son la base de la destrucción de una pareja, de una familia y de un vínculo.

Las personalidades como la de Axel tienen dos caras opuestas. En una primera etapa, son encantadores y extraordinariamente acuciosos del cuidado en la pareja. Poco a poco adquieren control sobre la pareja, para pasar a la violencia, tremendamente arraigada, que su corteza prefrontal prácticamente no limita. Los inicios se identifican con datos de violencia pequeña: pellizcos o golpes leves. Esto les genera placer y les incrementa aún más los niveles de adrenalina y dopamina, por lo que la violencia que viene empieza a dominar una discusión. Estos individuos empiezan desde edades muy tempranas la historia de violencia. Hay un marcador especial de estos individuos violentos: suelen victimizarse y culpan de sus estados conductuales a los demás. La pareja es un factor fundamental de sus detonantes agresivos.

La violencia de estos individuos no viene de la pareja; la pareja representa su detonante más común, lo encuentran en ella. Estas parejas violentas suelen amplificar su enojo. El mal humor es crónico, es su principal marcador conductual. La gran mayoría de estos seres violentos se han sentido indefensos o han sufrido el abandono. Buscan constantemente ser escuchados y estallan en violencia si se sienten frustrados, ignorados o superados. Se quitan responsabilidades y disminuyen las consecuencias de sus acciones o decisiones. Estos individuos suelen confundir el amor y el deseo.

Axel tenía un cerebro que castigaba, esto le generaba placer. La sensación de abandono va acompañada de un ciclo de castigar para luego perdonar. Esta forma de ser viene de un cerebro *caprichudo*, que causa escenas terribles de celos, de romper cosas en la calle o bajarse del coche para tratar de hacer sentir mal a la otra persona.

El amor maduro reconoce en el pasado las condiciones que explican un presente. No puede haber una relación madura si al inicio se omitieron detalles personales. Por esta razón, el amor se construye, es una decisión basada en lo real. El tiempo de estar enamorado hace que la persona acepte lo que no le gusta del otro, y ante ese proceso va generando y acumulando enojos, vacío, falta de plenitud y ansiedad. En este caso, el amor incondicional llevó a un desenlace infeliz: no darse cuenta del inicio de la violencia. Lo que para Alejandra era incondicionalidad para Axel era sometimiento. Lo que para un cerebro era otorgar oxitocina de amor y apego, al otro liberaba adrenalina, serotonina de obsesión y alerta constante. La obsesión acompaña prácticamente a todo el análisis que hace un hombre violento, además es muy importante entender que son capaces de someter con violencia a la pareja, incluso violarlas para sentir que la controlan. El cerebro de los violentos no está adaptado para aceptar que alguien los puede superar. Sienten celos de los logros de la pareja, incluso se relacionan con estas personas para tratar de disminuir la manera en la que brillan, criticando constantemente y en forma negativa sus éxitos.

El cerebro de Axel tiene tintes narcisistas con datos psicópatas. Sus conductas son contradictorias: él tiene baja autoestima, pero desarrolla violencia para ocultarla. Solicitando, de la misma manera, una sobrevaloración de sus características positivas, pretende no equivocarse nunca, y cuando se le muestra su error no lo reconoce, desvalorizando el hecho de que los demás ya se hayan dado cuenta de su conducta. Axel era soberbio, con una gran historia de humillar a las personas a su lado. Su equilibrio emocional prácticamente se perdía bajo cualquier circunstancia amenazante. Las historias de infidelidad son frecuentes en estos cerebros, historias que se repiten y reverberan para tratar de demostrar que ellos siempre han tenido la razón. Su violencia siempre va creciendo cuando no se le detiene, cuando no hay filtros. La violencia, tarde o temprano, genera crisis en la pareja, desde el primer manotazo, pellizco, grito o insulto. Todos, sin excepción, se van normalizando, es decir, la pareja violentada pierde sensibilidad ante la continua expresión de adjetivos negativos.

En el marco de una adecuada salud mental, una discusión puede tener eventos positivos en la pareja, sin embargo, cuando aparece la violencia se pierde la comunicación, aun cuando se hablen. El amor incondicional nunca va a curar la vida de alguien, la violencia tampoco: se necesita de un trabajo arduo y bien encaminado.

Una autoestima alta cambia la valoración de los hechos. Cuando el dolor está presente, el cerebro pasa de decir "no puedo" a ser perseverante y asertivo, aprende a ser mejor después de la mala experiencia. Es un error pensar que debamos permitir el castigo como una manera satisfactoria de querer a la pareja.

Violentar a una pareja, además de no respetar sus deseos, su imagen y la importancia que tiene en nuestra vida, indica claramente una falta de salud mental. Los hombres y mujeres no somos sujetos diferentes, somos complementarios. Percibimos con prejuicio la gran mayoría de los eventos que nos suceden en la vida cotidiana, así está acostumbrado el cerebro a funcionar. Ser indolente y conocer a la persona que queremos nos permite ser mejores personas. Tener esto en mente impacta directamente en la relación de pareja.

CAPÍTULO 16

La feliz indiferencia

Fue una tarde hermosa de sábado, nadie faltó a la invitación de Gabriela para festejar su cumpleaños número 52. Se le veía feliz, al menos así fue el comentario de sus amigas y primas. En ese restaurante elegante al sur de la ciudad se recibió a casi 90 personas, entre amigos y familiares, para el festejo. Gabriela fue felicitada por cada uno de ellos, le dieron un sinfín de regalos al ingreso del salón. Sus hijos, Omar, de 28 años, y Ana Luisa, de 24, estaban felices porque su madre festejaba por primera vez su cumpleaños fuera de casa. Junto a su padre, Sergio, de 58 años, denotaban la hermosa familia que todo mundo admiraba. Sergio le sonreía en todo momento a Gabriela, comentaban entre cada uno los incidentes de la comida, la música y el baile. Era una tarde perfecta. Todo mundo así lo creía, menos Gabriela.

Gabriela era una mujer sofisticada y delgada. Su pelo llegaba a sus hombros y estaba perfectamente pintado. Tenía ojos verdes –ya con algunas arrugas– y una sonrisa maravillosa. Sus manos lucían tres anillos y uñas perfectamente cuidadas. Su vestido

Chanel y la perfección de sus zapatos no permitían que nadie obviara su presencia. Ante todo, su trato amable, educado y profundamente estudiado, su forma de hablar pausada, su exquisito lenguaje corporal y una extraordinaria prosodia de discurso hacían que platicar con ella fuera un deleite en cualquier momento. Gabriela era la segunda hija de un matrimonio profundamente católico. Su hermana, Regina, dos años menor que ella, siempre había sido su amiga y cómplice. Los padres de Gabriela, don Omar y su esposa Francisca, siempre se habían preocupado por el bienestar de sus hijas, se distinguieron en otorgar una educación profesional y social que garantizaba una conducta intachable de sus dos hijas. Su solvencia económica les permitía hacer viajes al extranjero una vez al año. Regina y Gabriela heredaron esa costumbre en sus respectivos matrimonios.

Sergio es el dueño de un bufete de abogados de gran prestigio. Un hombre alto y fornido, sus sienes con canas y su barba perfectamente bien cortada contrastaban con sus ojos negros de mirada tierna. La fama de su firma como abogado es uno de los grandes motivos de su éxito social y económico. Es un hombre muy guapo para la gran mayoría de las mujeres, extraordinariamente simpático y educado para los hombres. Es hijo único de un matrimonio de abogados también de gran abolengo, el licenciado Fernández y la licenciada Ordóñez. En su casa siempre se habló de reglas, leyes y casos de abogacía. Fue consecuencia de este mundo y de la herencia del negocio de su padre que, desde la preparatoria, nunca dudó en convertirse en un gran abogado.

No cabe duda de que cuando Sergio le pidió a Gabriela casarse con él todo indicaba que harían una pareja perfecta. En realidad, ellos se conocían desde muy jóvenes, eran vecinos.

Las familias se conocían perfectamente, incluso realizaron viajes juntos cuando la edad de los hijos permitía una convivencia casi familiar. Al ser mayor Sergio que Gabriela, tomó la iniciativa de buscarla cuando ella salió de la preparatoria y él ya era un estudiante en una universidad privada. A Gabriela la seducía la distinción del joven bien parecido y formal, además de la anuencia de sus padres para formalizar poco a poco la relación. Ambas familias eran felices sabiendo que ese idilio terminaría en matrimonio. Ni Sergio ni Gabriela habían tenido pareja alguna hasta que se conocieron, por lo que a Gabriela no se le hizo raro que Sergio no la besara, la tomara de la mano ni la abrazara. Su noviazgo era muy formal, si salían algún sitio regresaban a la hora pactada por la familia de Gabriela. Sergio era el prototipo de formalidad y buenas costumbres. Gabriela, a su vez, manifestaba una gran educación y un gran conocimiento de las labores de un hogar. Sus pláticas no escapaban de la película que veían, de las amistades en común y de los logros académicos que Sergio acumulaba. Cuando Gabriela terminó la preparatoria, Sergio pidió en matrimonio a Gabriela. Todos parecían felices, todos estaban de acuerdo con la relación.

Los jóvenes se casaron y tuvieron dos semanas de luna de miel en Europa. El viaje fue fantástico. Sin embargo, Gabriela se sentía un poco incómoda: el matrimonio no se había consumado. Ella seguía siendo núbil, su ahora marido no se había atrevido a tocarla y mucho menos había intentado quitarle la ropa. Ella se sentía culpable al principio, pensaba que no era lo suficientemente atractiva para su esposo, justificó la falta de apetito sexual como un proceso que sería su secreto para siempre. Sergio se disculpaba y le decía que se sentía incómodo fuera de su casa ante este cambio de vida, sin embargo le dijo que pronto pasaría lo que sucede en todos los matrimonios.

Los padres de Sergio les regalaron una casa a escasos 30 metros de la suya. La familia de Gabriela contribuyó para amueblar los dos pisos de la casa. Sergio empezó a trabajar en el bufete de su padre y Gabriela se entregó total y absolutamente a los menesteres del hogar. Gradualmente, Sergio fue hablando menos, fue creciendo en éxito y en ocasiones, cuando dormían, la abrazaba. Esa era la parte más erótica de la vida de matrimonio que llevaban. Gabriela y Sergio estaban presentes en la gran mayoría de los eventos sociales. Viajaban con otros matrimonios de vacaciones y poco a poco se estaban desenvolviendo como personas influyentes en la clase media alta que representaban perfectamente.

Desde afuera, parecía que el matrimonio de estos dos jóvenes estaba perfectamente calibrado y emocionalmente satisfecho. Poco a poco, Gabriela fue cambiando: por momentos se le veía molesta y enojada en contra de su marido. A su vez, él estaba menos tiempo en la casa, incluso no regresaba en semanas con el pretexto de estar supervisando muchos de los trabajos que la abogacía reclamaba en el interior del país. Tres años pasaron de esta manera. La presión de la madre de Gabriela de querer cuidar a los nietos fue pasando de la broma a una presión social intolerante. Asimismo, el padre de Sergio no perdía la oportunidad de decirle a Gabriela que se estaban tardando en encargar familia.

¿Cómo explicar que Sergio no se había atrevido a tocar a Gabriela en lo que se refiere a la actividad sexual? ¿A quién pedirle una opinión o un consejo de algo que parecía cada vez más pesado e incómodo? Fue durante un viaje de familia que Gabriela le contó a Regina los detalles de su matrimonio. Regina no salía de su asombro, para después entender cómo la personalidad de su hermana había venido cambiando en los últimos años. Con calma, le dio algunas recomendaciones, esperando que el interés sexual de Sergio por su hermana fuera cada vez más grande. Gabriela se compró ropa interior provocativa, gradualmente fue tratando de perder tanta inocencia para recuperar el tiempo. Entre las dos habían armado un protocolo de seducción. Ella entendía perfectamente que amaba a su marido, incluso pensó al principio que todo era normal, que la relación fuera tibia, rayando en la experiencia de un hielo.

Decidida a cambiar esta historia, Gabriela recibió a su marido el último viernes de octubre con un negligé obscuro y perfume, diciéndole a Sergio lo mucho que lo deseaba. Sergio primero la miró divertido, después preocupado, finalmente, con poco interés le dijo que si bien era hermosa, no era el momento. Poco le importaron a Gabriela las palabras; casi forzando toda la situación, Gabriela desnudó a su marido e inició una serie de caricias a las que poco a poco Sergio respondió. Era casi un hecho que Gabriela estaba forzando demasiado a Sergio, pero finalmente culminó con lo que ella deseaba. Al día siguiente festejaron la experiencia, que volvió a suceder dos veces más en un mes casi de la misma forma, por lo que Gabriela le sugería a su marido que él tomara la iniciativa. Sin embargo, Sergio le pidió que mantuvieran el proceso de esa manera. La magia sucedió: tres meses después, Gabriela supo que estaba embarazada.

La llegada de su primer hijo cambió prácticamente la dinámica en el hogar. Sergio dedicó más tiempo al trabajo y procuraba el cuidado de Gabriela y el pequeño Omar. Gabriela se sentía realizada y satisfecha, había logrado manifestar que podía tener un hijo y no había sido ella el problema principal. Le agradecía infinitamente a su hermana sus palabras y la manera en que fueron diseñando el proceso. En los siguientes dos años, Gabriela intentó acercase a Sergio de muchas maneras. Solamente pudo obtener resultados en tres o cuatro ocasiones; en las demás, Sergio reaccionaba de manera por momentos violenta, a veces argumentando y otras veces más pidiéndole que lo comprendiera, ya que el cansancio lo obligaba a no cumplir con esta parte del matrimonio. Así, cuatro años después, Gabriela volvió a estar embarazada. Ambas familias estaban muy felices, por fin había llegado la parejita, lo que permitía la consolidación como matrimonio.

La sonrisa social y el entorno psicológico de Gabriela y sus hijos era lo que la calmaba, pensaba que compartía esta situación con muchas mujeres en este mundo. Era tal el amor por su marido que estaba dispuesta a confrontar cualquier complicación. Ante la poca experiencia sexual y contacto afectivo que mantenía con su esposo, enfocó todo su esfuerzo en la educación de sus hijos, el cuidado de la familia y el mantenimiento de un hogar impecable.

La conducta de Sergio ante sus hijos no podía ser mejor; socialmente, ante su mujer y en la actividad laboral era intachable. Gabriela sentía que siempre había faltado algo más en esa relación matrimonial. Económicamente, la situación era cada vez mejor. Los lujos, viajes y detalles nunca dejaron de llegar. Así transcurrieron 20 años, tiempo en el cual Sergio decidió dormir en una cama aparte. Gabriela nuevamente se sintió humillada, pero no argumentó nada en contra de su marido. En alguna ocasión se atrevió a preguntarle cuál había sido el motivo por el cual él no deseaba su cuerpo y su intimidad, a lo que Sergio siempre le comentó de manera muy respetuosa: "Eres mi esposa y la madre de mis hijos, siempre te voy a amar y a respetar; pero quiero que consideres que esta decisión la he tomado valorando tantas cosas, y quiero pedirte que me respetes en esto también."

¿A qué se refería con "tantas cosas"? ¿Por qué no podía compartir más con ella? ¿Cuál había sido la falla? Ocho años después, encontró la respuesta a sus argumentos de manera accidental. Gabriela, al estar limpiando la biblioteca de la familia, encontró dentro de uno de los libros grandes y viejos de su librero un juego de siete fotografías. En todas ellas Sergio se abrazaba con otros hombres de una manera muy sugerente. Era por demás tratar de no ver las intenciones que los otros hombres tenían hacia su marido. Su cabeza se aturdió, sintió mareos y regresó el libro a su lugar. Esa noche Gabriela lloró y una nueva serie de dudas apareció en su cerebro: ¿Sergio es homosexual? ¿En verdad a mi marido no le gustan las mujeres?

Dos semanas después, Gabriela cumplió 52 años. Más que por el gusto de invitar a sus amigos y familiares, había organizado la fiesta para evitar el pensar en algo que le dolía en el pecho, que no la dejaba razonar, que le había quitado la felicidad. Al regreso a casa después de la fiesta, tras vaciar los regalos en la sala, Gabriela observaba de reojo a Sergio. Su sonrisa había desaparecido, se sentía incómoda ante ese hombre que antes había sido la razón de su existencia. No podía creer, no podía entender por qué se sentía engañada. Sólo faltaba enfrentar eso para encontrar una explicación de por qué habían tenido que pasar tantos años y tantas situaciones –por momentos incluso penosas– para tratar de convencerlo de que era una buena mujer, una buena madre y una buena amante.

Él, aún sonriendo, despojándose de su saco, le comentaba algunas cosas que había visto en la fiesta. Ella se sentó en el filo de la cama, ya no podía más. Gabriela quería de una buena vez que su marido le aclarara la duda que tanto le lastimaba, había escogido la fecha de su cumpleaños para cuestionar algo que ya tenía más de tres semanas obsesionándola constantemente: "Querido mío, ¿alguna vez me has sido infiel?"

Sergio se quedó sumamente serio, desaprobando la pregunta. "¡Por supuesto que no, Gabriela!", respondió contundente, seco y molesto.

"Entiendo," dijo Gabriela, "entiendo que con una mujer no, ¿pero, con un hombre?"

Sergio estaba pálido y tenía la boca reseca. Su respiración incrementó y sus manos comenzaron a temblar: "¿Qué te pasa, Gabriela? ¿De dónde viene esa estúpida pregunta?"

"La respuesta es muy simple, querido mío, ¿sí o no?"

"Gabriela me ofendes, no es posible que después de 28 años de matrimonio me preguntas semejante estupidez, y aunque así fuera, nunca te ha faltado nada."

"¿Por qué no respondes lo que te pregunto?"

"Creo que esto no tiene solución, Gabriela, estás llegando demasiado lejos. Recuerda que soy abogado, recuerda que no hay manera de que tú me ganes una discusión y recuerda perfectamente quién soy y lo que te puedo hacer." Al terminar de decir esto, Sergio cerró la puerta y se encerró en su cuarto.

Al día siguiente, sabiendo dónde estaban las pistas y evidencia, Gabriela abrió toda la serie de libros que estaban hasta arriba de aquel librero. En ellos no solamente encontró más fotografías, también cartas en las cuales eran más evidentes las diferentes relaciones que Sergio había tenido con otros hombres.

En todas ellas había un denominador común: Sergio siempre argumentaba ser un hombre casado y con una familia que debía respetar. Gabriela pasó por un sinfín de emociones en una sola tarde: llanto, sorpresa, enojo y desesperanza. Gradualmente, fue tomando lógica la explicación de tantas cosas que ahora eran claras. Después de encontrar esas cartas y fotografías, entendió y comprendió el origen de muchos sinsabores.

Reunió cada uno de los documentos, fotografías, copias, cartas y servilletas, las puso dentro de una bolsa y las quemó en el jardín trasero de la casa. Limpió las cenizas y regresó el orden al librero. Preparó los alimentos con esmero, esperó para darle de cenar a la familia, incluyendo a Sergio, de quien se despidió con un beso en la frente y le dijo: "Descansa." En presencia de sus hijos, Sergio asintió con la cabeza y le dijo: "Tú también." Durante los días después de haber quemado los documentos, Gabriela se programó mentalmente para no volver a sentir enojo y tristeza. Nunca más volvió a hablar del tema.

Dos meses después, Gabriela se inscribió en una universidad con el deseo de estudiar diseño gráfico. Sus hijos están felices y Sergio está pagando puntualmente las mensualidades. Gabriela cumple cabalmente con las labores del hogar y trata de mantener su mente ocupada. Ella sabe lo que sucede en el fondo de esa familia, tal vez siempre lo supo y lo confirmó mucho tiempo después. Tal vez no quiso confrontar las decisiones de ambas familias y eventualmente la posición de su marido. Hoy, Gabriela sonríe cada vez menos, pero aceptó la situación que enfrenta cotidianamente ante Sergio. Ella pretende seguir siendo indiferente pero feliz, mantener una feliz indiferencia.

¿Qué sucedió en el cerebro de ambos?

El ser humano es un ente bio-psico-social, cuyas decisiones también tienen las mismas bases. En relación con lo biológico, el cerebro toma decisiones con proyecciones, siempre con el deseo de evitar la culpa y la vergüenza. Este es el marco principal que establece que una decisión debe ser muy bien valorada para que las consecuencias no sean más negativas de lo que pueda soportar la corteza prefrontal. Si algo ha caracterizado a los seres humanos es la inteligencia con la que se resuelven los problemas y vicisitudes de la vida. Aprendemos aspectos psicológicos en las primeras etapas de la vida con la familia. Los eventos sociales implican claramente una serie de normas que nos hacen cumplir con los seres humanos que nos rodean. La gran mayoría de las relaciones de pareja tienen una ganancia secundaria, y esto ayuda a atenuar muchos de los elementos de culpa que se pueden tener en contra de la pareja. De esta manera, muchos matrimonios mantienen secretos o asumen las consecuencias de sus decisiones, y hacen de la pareja el principal confidente.

La activación de la corteza prefrontal también es muy importante para disimular el conocimiento de un delito y de las consecuencias negativas que pueda traer a nuestra vida. Una persona que miente eventualmente va perdiendo la sensación de culpabilidad, normaliza su conducta y ya no la ve como un elemento negativo, aunque al principio comúnmente le resulta molesta. En otras palabras, el mentiroso aprende a ser mentiroso, y con el transcurso del tiempo va disminuyendo el sentimiento de culpa por sus mentiras. Esto puede pasar de manera patológica, en la cual una persona puede envolver a los demás en sus mentiras y llegar a niveles patológicos como la mitomanía. Mentimos siempre para tratar de tener o mantener una ganancia secundaria, mentimos para atenuar el castigo, mentimos para favorecer la presencia de algunos privilegios.

Estudios realizados con diversos procedimientos para detectar imágenes cerebrales muestran particularidades neuronales en personas cuya conducta social es mentirosa y violenta. Estos individuos mentirosos tienen déficit emocional y presentan poca compasión. En su cerebro, la amígdala cerebral, el hipocampo y la ínsula presentan actividad disminuida. Una conducta antisocial involucra más a la corteza prefrontal dorso lateral, así como al giro temporal superior. Es decir, es muy probable que Sergio sí percibe que está diciendo mentiras que lo hacen sentir mal, pero poco a poco atenúa ese dolor moral. La disposición de mentir se refleja en una actividad ventrolateral de la corteza prefrontal, por lo que cada vez va sofisticando más la elaboración de las mentiras y, a su vez, éstas le generan menos incomodidad.

Un ser humano promedio no es muy bueno detectando mentiras excepto si dispone de información para contradecir una falacia. Sin embargo, cuando estamos en grupo somos mejores detectando cuando alguien no es sincero, mucho más cuando los integrantes del grupo se consultan entre sí para llegar a una conclusión. Para no caer en las redes de un mentiroso, es más recomendable escuchar con atención sus palabras, sin perder un detalle de sus argumentos. Queda muy claro que entre más felices estamos, es decir, cuando los niveles de dopamina en nuestro cerebro son más altos y la emoción nos atrapa de manera muy fuerte, es más fácil que nos engañen, aun detectando que alguien no es sincero con nosotros. El cerebro, sabiendo las consecuencias negativas de la mentira, prefiere no discutir cuando somos felices. En el campo de la psicología, se indica que una verdad nos puede llevar a lugares más lejanos; en contraste, el camino de una mentira siempre es corto. No obstante, esta afirmación no es totalmente cierta, ya que existen mentiras que han trascendido generaciones, así como descubrimientos que han roto familias e imperios.

Mentir es un componente principal de nuestra inteligencia social. En el campo de la antropología se indica que al mentiroso se le ignora y se le desprecia. En el campo de las neurociencias se indica que 95% de los seres humanos han hecho trampa alguna vez, han mentido y engañado de una manera habitual, voluntaria, astuta y calculada. Claro que hay de mentiras a mentiras, y está en nuestros valores morales entender hasta qué punto se soportan y hasta dónde pueden llegar. La gran mayoría de nuestras mentiras provienen fundamentalmente del deseo de hacer felices a nuestros semejantes, de no desenmascararlos, de no ofenderlos, de atenuar una culpa o de sacar provecho. Esto es un punto contradictorio, porque tal pareciera que el proceso puede llegar a ser peor cuando se descubre. La gran mayoría de las mujeres mienten fundamentalmente para elevar la sensación de bienestar de su interlocutor; en contraste, la gran mayoría de los varones mienten para mejorar su imagen y sacar consecuencias positivas de ello. Sergio y Gabriela son claros ejemplos de esta circunstancia. La evolución biológica del cerebro ha hecho que su vida social, con sus jerarquías, complicaciones, entramado de relaciones y asimetrías, internalice el fraude y la mentira en senos de grupos sociales complejos para mantener coaliciones sociales.

Una mentira con intención implica una brillante actuación intelectual, no solamente se trata de ocultar la verdad y sustituirla, sino de contar historias irrefutables que exigen gran creatividad y capacidad para hacer que los demás se sientan bien con lo que se les dice. El mentiroso pone una escena teatral y sabe en qué momento se alarga, se modifica y cambia de perspectiva. Siempre busca lo que le conviene, evita verse como el engañado y procura siempre mentir para no ser descubierto. Hoy sabemos que en el cerebro de los mentirosos se incrementa el flujo cerebral en las regiones relacionadas con la memoria. La primera impresión es fundamental para el cerebro, ya que aún después de descubrir algunas cosas al cerebro le cuesta mucho trabajo cambiar sus ideas originales. Las personas con depresión juzgan las actitudes hacia ellos con mucha mayor exactitud, la estabilidad se va perdiendo conforme se recuperan los tratamientos. Es decir, para engañar a un deprimido se necesita de una mayor estrategia intelectual. Sin embargo, no podemos ir por la vida como si fuéramos detectores de mentiras, no podemos ni debemos meter a todos los mentirosos dentro de un escáner para detectar sus mentiras. Tenemos que tener certidumbre, y es muy claro que las personas a las cuales tenemos más apego tienen mayor credibilidad en nuestra vida.

Es muy importante entender que dentro de todo este proceso de verdades y mentiras es posible la convivencia humana. Resulta muy arriesgado, pero sí muy posible, que la salud mental del ser humano se base en el autoengaño. Cuando nos enfermamos de depresión, por ejemplo, hay una deficiencia en esa capacidad de autoengaño, y vemos la realidad de otra manera. Así, el cerebro humano tiene una habilidad para engañar a otros, pero en especial para engañarse. Tenemos una habilidad asombrosa para tolerar nuestras propias mentiras, en muchas ocasiones no nos damos cuenta de que somos el producto de nuestras propias falacias. El cerebro cuenta con diversos sistemas funcionales para emitir, detectar, señalar y castigar a la mentira, todo dentro de un proceso de experiencias conscientes.

CAPÍTULO 17

El desamor

Ambos terminaron la relación, los dos estuvieron de acuerdo en finalizarla. Ya era demasiado tiempo discutiendo y haciéndose daño cuando estaban juntos. Julieta y Marco Antonio habían sido novios desde hacía cuatro años. Julieta tiene 24 años, trigueña, alta, simpática, muy inteligente, emotiva, dicharachera, alegre y autosuficiente en lo económico; es recepcionista en un hospital. Marco Antonio tiene 25 años, es un hombre moreno, fornido, de no mucha inteligencia, limitado en sus palabras, celoso, posesivo y poco expresivo en su cariño; maneja un taxi desde hace tres años. Marco Antonio conoció a Julieta en una reunión de amigos y conocidos entre ambos. En realidad, él buscó mucho tiempo estar con ella, la invitó a salir varias veces y ella se negó, estuvo casi siete meses persuadiendo su atención. En ese entonces, Julieta salía con Alfredo, un joven médico del hospital. Esa relación parecía no ser seria, de tal manera que Julieta empezó a tener ambivalencia ante el cariño que tenía por Alfredo y las atenciones que Marco Antonio tenía con ella.

Marco Antonio supo cómo acercarse a ella con experiencia y sigilo. Le regalaba flores, le personalizaba discos con listas musicales, y cuando tenía el teléfono de ella solía enviarle mensajes románticos, además de preguntar por su salud. Julieta no estaba convencida de aceptarlo como novio, no le gustaba mucho su físico, ni la forma como vestía. No le atraía su manera de hablar ni su trato con los demás. Sin embargo, lo extrañaba cuando él dejaba de buscarla. Cuando sus compañeros le preguntaban por él, Julieta solía decir que era sólo un amigo. Incluso cuando ya habían iniciado la relación como novios formales, Julieta le pidió que aceptara que de principio negara la relación entre ellos, no quería formalizar el proceso social porque sentía que aún no era momento de presentarlo como un nuevo novio.

Así pasó casi un año, en algunas ocasiones Marco Antonio presionaba para que lo aceptara con formalidad. En otras ocasiones, Julieta tomaba cualquier pretexto para amenazarlo de que no era adecuado anunciarlo como novio oficial, y si seguía presionando la relación, ella terminaría por fastidiarse y terminarlo. Esto le generaba a Marco Antonio conflictos personales. En algunas ocasiones parecía que ella lo utilizaba, en otras daba la impresión de que no lo quería, y en algunas otras incluso parecía odiarlo.

Marco Antonio se fue ganado la confianza de Julieta, su cariño y su pasión. Después del segundo año, la relación mejoró considerablemente, ambos empezaron a estar mejor y, dado el inicio de la actividad sexual, lograron hacer viajes juntos, pasaban más tiempo y la calidad de comunicación que tenían fue tan grande que ambos se sintieron muy cómodos de empezar a compartir tiempos, amigos, familia y trabajo. No obstante, siempre que había un problema Julieta jugaba con terminar la relación, lo cual a Marco Antonio le generaba un fuerte dolor emocional y sentimiento de culpa, e inmediatamente solía pedir perdón y trataba de enmendar la relación.

Al tercer año de estar juntos los problemas aparecieron cada vez más frecuentemente. Los celos de Marco Antonio ante posibles candidatos de una nueva relación de Julieta eran una da las causas más comunes de sus discusiones. Julieta minimizaba el hecho de recibir regalos, piropos e invitaciones a salir con otros hombres. Julieta comentaba que Marco Antonio tenía cada vez menos tiempo para salir con ella, invitarla al cine y darle regalos con la frecuencia que lo hacía antes, y que no era tan expresivo en abrazarla y besarla.

El denominador común de la relación era que cada vez discutían más frecuentemente por detonantes pequeños, los dos eran menos tolerantes el uno con el otro. Cualquier equivocación era pretexto de iniciar una discusión. De esta manera, por ejemplo, ante cualquier altercado, Julieta solía bajarse del auto e irse a su casa por sus medios. Marco Antonio desaparecía durante dos a tres semanas, luego llevaba flores para pedir perdón aunque no hubiera sido responsable del problema. Hablaban y regresaban para luego volverse a pelear. La relación se estaba convirtiendo en un ciclo tóxico cada vez más predecible.

Marco Antonio fue entendiendo que la relación no tenía mucho futuro, que si bien quería a Julieta, no alcanzaba a cumplir sus expectativas. Le costó varias tardes reconocer que ella lo hacía sentir poca cosa, desde hace mucho tiempo no se sentía a gusto cuando estaba junto a ella. Por otra parte, Julieta era cada vez más demandante e intolerante ante Marco Antonio, solía gritar, llorar y culparlo de todo lo malo que le pasaba.

Así llegó la última tarde en que estuvieron juntos, fueron a comer a una plaza comercial. No había un plan establecido para ese día, ambos se sentían cansados y fastidiados. Marco Antonio estaba cabizbajo, no emitía ninguna palabra, apenas había probado bocado. Julieta jugaba con el tenedor, se perdía su mirada al fondo del centro comercial. De esta manera, Marco Antonio decidió mencionar por primera vez la posibilidad de terminar la relación.

"Te quiero demasiado, Julieta, para no entender que no te hago feliz. Creo que te estoy haciendo perder el tiempo. Lo entiendo y estoy consciente de ello."

Julieta respondió: "Han pasado varios eventos entre nosotros y siento que no hemos avanzado, a diferencia tuya, no sé si te quiero, a veces solamente estar contigo me genera un conflicto, no me pides perdón, quieres que entienda todo como tú crees que son las cosas, te sientes sabelotodo, no aceptas mis puntos de vista... te agradezco que me digas que me quieres porque en realidad pensé que no me querías."

"Hace un año tal vez te habría pedido que me dieras una oportunidad para mostrarte lo mucho que te quiero, pero hoy también quiero saberme valorado, quiero volver a sentir la emoción de verte, y al mismo tiempo creo que tengo la posibilidad de encontrar a otra persona que me quiera como yo a ella."

"Mira, te propongo que terminemos de cenar, me lleves a mi casa, nos despidamos adecuadamente, me regreses algunos de mis discos, yo te regreso algunas cosas tuyas, y nos demos la oportunidad de separarnos, bien, sin discutir más."

Marco Antonio tenía los ojos humedecidos: "Tienes razón, Julieta, hagamos eso. Te llevo a casa."

El regreso fue largo y tedioso. Se sentía una gran tensión y emoción entre ambos. Al llegar a la casa de Julieta, Marco Antonio ya no quiso entrar, la esperó afuera y ella bajó con dos bolsas de plástico. Él las metió al auto, se abrazaron durante cinco minutos sin decirse nada. Se dieron un beso y él se fue de ese lugar.

Si bien la separación había sido consensuada, tomada con calma, Julieta se sentía extraña, culpable y con mucha tristeza. Durante las siguientes dos semanas, lloraba todas las noches, extrañaba a Marco Antonio, se dio cuenta que cuando estaban juntos él hacia esfuerzos por hacerla reír, pero que ella le contestaba que no fuera estúpido. Reconoció que muchas veces no aceptó las invitaciones de Marco Antonio para comer en lugares que, según ella, eran indignos, como taquerías o algún puesto en la calle. Sin embargo, hoy se le antojaban cada vez más aquellas invitaciones. Julieta reconocía que no es que no le gustara el fútbol, sino que no podía aceptar que Marco Antonio no tuviera atenciones con ella y sí se apasionara tanto con un juego como ése. Julieta extraña la intimidad, los juegos eróticos y las caricias que tenía con él, porque, aunque ya no están juntos, Julieta acepta que Marco Antonio había sido muy lindo a la hora de hacer el amor y quedarse con ella a platicar mucho tiempo.

Sin ella, Marco Antonio ahora tenía mucho tiempo, no sabía qué hacer ni a dónde ir. La extrañaba mucho, tenía muchas ganas de llorar. Sus amigos se burlaban de él, en consecuencia, trataba de burlarse de sí mismo. A veces iba al cine solo... se quedaba dormido, caminaba horas por las calles en las que estuvieron juntos. Ya no había un estímulo por hacer los días diferentes, todos eran lo mismo: no la volvería a ver. Marco Antonio pensaba que ella empezaría a salir con otra persona, eso le daba tantos celos que estallaba en ira en cualquier lugar, a cualquier hora. Tenía ganas de ir a buscarla y varias veces fue pero regresó antes de verla, sólo de pensar en la vergüenza que sentiría al presentarse ante ella sin ninguna justificación.

Un mes después de la separación, Julieta estaba una noche viendo las fotos de ellos juntos, los boletos de avión, cine y teatro, recordaba los detalles de las obras, películas y conciertos que habían asistido. A veces reía y por momentos se ponía a sollozar. Julieta empezó a bajar de peso, dormía mal, se despertaba a la mitad de la noche o le costaba conciliar el sueño en las primeras horas. Se empezó a preguntar, ¿cómo le hago ahora? Los días empezaron a llenarse de melancolía, aunque hubiera sol eran grises. Parecía verlo en los lugares que eran comunes para ambos: una cafetería, un cine, una librería. Se daba cuenta que descubrir en una persona un parecido con Marco Antonio le generaba una sensación de vacío. No podía reconocer que, aun sabiendo que se había separado bien y había sido en los mejores términos, parecía que lo extrañaba cada vez más y, lo peor, lo seguía queriendo.

A un mes de la separación, Marco Antonio se la pasaba triste, no quería estar con nadie más, entendía que se había ido de su lado la persona que le había enseñado en la vida el valor del amor y de la soledad. Sus dudas habían sido la base de la separación, a veces se sentía culpable, en otras ocasiones consideraba que tenía ganas de platicar con ella. Pero, gradualmente, algunos días se sentía mejor, hubo días en que ya no la extrañaba. Empezó a sonreír más.

A los tres meses de la separación, Julieta empezó a negar y disimular su dolor; por momentos llegaba a ser incapacitante la opresión en el pecho, era capaz de parar lo que estaba haciendo si escuchaba una canción que le recordara a su novio, si alguien le preguntaba por Marco Antonio o simplemente le invadía la tristeza. Empezó a indagar por redes sociales sus fotografías y comentarios, buscando si él tenía una nueva pareja. A veces interpretaba que ya tenía una nueva novia para darse cuenta de su equivocación dos días después. Rompía algunos recuerdos para volver a pegarlos al día siguiente. En tanto, Marco Antonio empezó a salir más con sus amigos, decidió hacer ejercicio en un gimnasio, empezó a conocer a más personas.

A los nueve meses de la separación, Julieta se sentía más tranquila, pero en ocasiones lloraba todavía. El recuerdo de Marco Antonio regresaba por momentos para hacerla sentir culpable y arrepentida de haber terminado la relación, pero su orgullo era más grande; no se iba a permitir pedir perdón. Cuando recordaba a Marco Antonio había una mezcla de sentimientos. Le guardaba cariño y rencor, amor por pensar que pudieron haber hecho una vida juntos y odio por no haberla valorado lo suficiente. En contraste, Marco Antonio ya había salido con dos personas, prácticamente al mismo tiempo. Estaba tratando de retomar su vida y divertirse, como lo hacía antes de conocer a Julieta. Cada vez que Marco Antonio platicaba de ella lo hacía agradeciéndole lo importante que había sido en su vida, agradeciéndole porque la separación le había permitido conocer a otras personas. Retomó muchas cosas que no hacía cuando estuvo con ella, tomó conciencia de que la separación lo llevó a ser una mejor persona. A diferencia de Julieta, Marco Antonio tiró todos los recuerdos que tenía de ella desde el primer mes de la separación.

A un año de la separación, Marco Antonio lucía feliz, radiante, se encontraba en una relación casi perfecta con Johana, una mujer tres años más joven que él. Están muy enamorados. Marco Antonio ahora suele no comportarse como lo hacía con Julieta.

Toma las decisiones con mayor responsabilidad y le queda muy claro que la expresión del amor no tiene por qué hacerlos sentir culpables. No tiene la amenaza de que su relación pueda terminar en cualquier momento, se siente más tranquilo, inspirado, con ganas de seguir amando.

Julieta aún no está convencida de empezar una nueva relación, se ha encontrado con varios jóvenes que aspiran a su cariño, sin embargo, se resiste por varias razones. Por un lado, considera que fue injusta al evaluar a Marco Antonio en su momento, por otro lado, no se siente lo suficientemente madura. Considera que ninguno de los otros jóvenes está a la altura de Marco Antonio. Es una contradicción, ya que ella estaba segura de terminar la relación, pero ahora extrañaba la forma de ser de Marco con ella. Julieta aún tiene la esperanza de volver a ver a Marco Antonio pronto, aunque sea para platicar de la vida.

¿Qué sucedió en el cerebro de ambos?

El amor a veces es la necesidad de tener placer y al mismo tiempo el gusto de hacer el bien por otra persona. El amor tiene la dicotomía de afectarnos el juicio y, al mismo tiempo, generar placer y dolor relacionado con un reforzamiento positivo mutuo y constante que hace que se incremente la aparición de conductas elegidas. Por esta razón, el enamoramiento en realidad es una pantalla donde proyectamos nuestros aspectos más idealizados. El amor es una diafonía entre oxitocina, dopamina y endorfinas de áreas cerebrales asociadas a la motivación vigorosa del enfoque social y la proyección psicológica. La persona amada, hermosa, perfecta y delicada capacita poco a poco a nuestro cerebro para odiarla. Estos límites son sutiles. Nuestras redes neuronales se sobre solapan ante estos estímulos.

Ante una separación, es muy importante que nuestro cerebro realice rutinas nuevas, estructuradas, buscando con ello dopamina y endorfinas para ayudarnos a salir más rápido de la obsesión. La red social de apoyo que está a nuestro alrededor es fundamental para recuperarnos de una ruptura amorosa. Nuestros amigos, familiares y personas a las que les hemos dado confianza son fundamentales para que la oxitocina de nuestro cerebro nos haga sentir queridos y escuchados. Ante una separación sana es muy importante evitar los disparadores o detonantes que nos hagan sentir mal y que nos hacen perpetuar el dolor. De esta manera, evitar los generadores y los incrementos de serotonina nos ayudan a evitar la obsesión y compulsión por los actos que a veces deseamos volver a realizar. Es decir, estar conscientes de los eventos evita las compulsiones. Agradecer con dignidad ayuda mucho al cerebro a encontrar una respuesta inmediata ante tanto dolor. Agradecerle a un ex amor su partida es un gesto que, a través de la neuroquímica de nuestro cerebro, nos ayudará a adaptarnos más rápido al proceso de separación. Finalmente, entregar una explicación de los hechos ayuda mucho también a sentirnos menos culpables si esta explicación nos deja tranquilos, podemos hacer de la separación de la pareja amada un proceso que nos enseñe a evitar volver a cometer los mismos errores. Separarnos nos enseña a ser mejores personas, siempre y cuando decidamos hacer de esta separación un proceso de aprendizaje.

A diferencia del enamoramiento, el amor tiene amistad, intimidad y compromiso. Tiene un valor para la sobrevivencia de la especie y contribuye a la calidad de vida. El amor perdura si interactúan la admiración (inteligencia y sentido del humor), apreciación (que nos guste la persona) y reconocimiento social (que tenga atractivo para otras personas). De esta manera, reconocemos que el enamoramiento es la acción de una neuroquímica especial basada en cinco neurotransmisores (dopamina, adrenalina, GABA, acetilcolina, serotonina), cinco hormonas (oxitocina, vasopresina, estrógenos, progesterona, testosterona), dos neuromoduladores (factor de crecimiento neuronal derivado del cerebro, beta endorfina) y un gas (óxido nítrico) en el cerebro. El amor es un proceso más elaborado de actividad neuronal basado en el desarrollo neuroquímico previo del enamoramiento, sin embargo, guarda un andamiaje más importante de aprendizaje.

Julieta tiene un excelente cerebro femenino, con un hipocampo más grande que la hace recordar con detalle elementos que para Marco Antonio no eran tan importantes. Asimismo, un cuerpo calloso con mayor capacidad de comunicación interhemisférica cerebral que por momentos hacía que Marco Antonio no valorara los factores sociales que las mujeres suelen tener con mayor precisión al evaluar un problema. Los recuerdos son más incesantes cuando las emociones son atrapadas, de esta manera, entre más dopamina liberamos hay una mayor capacidad emotiva y, al mismo tiempo, menor objetividad.

Las mujeres tienen el área tegmental ventral más grande, esto explica por qué ante una separación las mujeres duran más tiempo con dolor y sufrimiento, y sobrellevan el desamor hasta por siete a nueve meses después de terminar una relación. En contraste, los varones a los 28 días han disminuido sus niveles de dopamina, y empiezan a sentirse mejor después de una separación, en promedio, casi en un mes. Por otra parte, los varones tienen más grande la amígdala cerebral y algunas regiones del hipotálamo, en consecuencia, los varones suelen tener comportamientos violentos ante los procesos de separación, buscan justificaciones más cercanas a su lógica, aunque no sean las correctas, se engañan con mayor facilidad. El giro del cíngulo, una estructura altamente especializada en el cerebro humano, otorga la interpretación de las emociones y del dolor. Las mujeres tienen el giro del cíngulo 30% más grande, esto favorece que las mujeres realicen interpretaciones más adecuadas al verdadero punto y origen de la emoción.

Es común que ante una separación tengamos errores, y éstos hacen que nos relacionemos patológicamente con una ex pareja. La gran mayoría de las parejas no acepta la magnitud de la pérdida cuando rompen una relación. Este es el principal factor que hace que ocultemos los verdaderos motivos de una ruptura y aceptemos el dolor de la separación de una manera más natural. En la medida que vamos viviendo la experiencia del desamor, idealizamos el pasado. Esto crea una terrible contradicción: queremos volver a vivir la experiencia y, sin embargo, consideramos que ya no es correcto. La idea reverberante de idealizar el pasado perpetúa muchos de nuestros sentimientos encontrados (amor-odio, pasión-enojo, alegría-llanto) en el desamor. Cuando el cerebro entiende que ya no es posible estar con la ex pareja, la gran mayoría de nosotros consideramos la necesidad de vengarnos, necesitamos justicia ante una separación que siempre vamos a considerar ha sido injusta para nosotros.

Ante una separación siempre hay una mezcla de desamparo, enojo, desolación y angustia, una necesidad persistente de justicia acompañada de tristeza, pero, sobre todo, el cerebro necesita una explicación. Desde los primeros minutos de la separación, hasta días y meses después, el cerebro cambia la respuesta de nuestras conductas, iniciamos generando reflejos de defensa y activando sistemas que nos previenen de las amenazas, creando una sensación de lucha, hasta que poco a poco consolidamos memorias y se modifican redes neuronales para evitar sentirnos vulnerables.

La emoción más frecuente ante la separación es el llanto, es una manera en la que el cerebro hace catarsis, tiene consuelo, busca comprensión y demuestra nuestra vulnerabilidad, generando empatía sobre los demás. Nuestra tristeza incrementa el metabolismo cerebral, por lo que es una de las emociones que más rápido se autolimita. Después de llorar nos sentimos cansados, evitamos seguir discutiendo, incrementamos el hambre y nos dormimos más rápido. No somos la única especie que llora, pero sí la única que otorga el verdadero valor del llanto. De esta manera, en un adecuado marco de salud mental, llorar nos proporciona los elementos para poner atención y, al mismo tiempo, limitarla para no volver a sentir lo mismo, aprender de los errores y evitar la adversidad. Cuando una persona nos ve llorar activa automáticamente su hemisferio cerebral derecho, esto disminuye su agresión y lo hace más empático e indulgente con nosotros.

Los efectos del desamor no solamente se ven en el cerebro, el sistema inmunológico también disminuye su funcionalidad. Tenemos un incremento en las concentraciones de cortisol, y, al mismo tiempo, una disminución en la actividad de las células inmunomoduladoras, por lo que existe un incremento en la probabilidad de tener una infección. Gradualmente, los niveles de dopamina y oxitocina empiezan a disminuir. Con ello, la pérdida amorosa hace que el cerebro tenga mayor afinidad por procesos relacionados con la pareja, es decir, ya no estar con la pareja nos hace interesarnos más en las historias cercanas a la expareja. Hay un incremento en los niveles de las hormonas vasopresina, noradrenalina y oxitocina, por lo cual este proceso se relaciona con un deseo de continuar una relación que ya no existe y, al mismo tiempo, genera estrés y obsesión. La negación de nuestra realidad genera condiciones ilógicas. Por cada año de enamoramiento, la mujer necesita casi tres meses de duelo para regresar a sus niveles originales de dopamina. En contraste, los hombres necesitan sólo 28 días por cada año de enamoramiento para regresar a sus niveles de dopamina normales. Es decir, un varón se recupera más rápido del desamor que una mujer promedio.

Es muy importante decir que para el campo de las neurociencias no hay almas gemelas, la otra persona nos ha liberado tanta oxitocina que sentimos apego por ella; este es el principio fisiológico de la necesidad de seguir conservando su presencia en nuestra vida. Ante una separación que nos duele tanto, la pregunta que el cerebro está pidiendo resolver es: ¿Por qué queremos estar con alguien que en realidad no quiere estar con nosotros?

Dos elementos básicos ayudan a resolver esta pregunta: por una parte, después del cuarto año de enamoramiento es evidente que disminuyen significativamente los niveles de dopamina; llega el fin del enamoramiento. Ambos se ven en realidad como son. El cerebro ya no se engaña, valoramos la magnitud real de la persona en nuestra vida, aparecen los defectos realmente como son. El proceso biológico indica que si nos quedamos con la persona de la que hemos estado enamorados en los últimos cuatro años después de verla en la magnitud real de lo que es, esta decisión la podemos considerar el amor verdadero: aquel que valora en su auténtica magnitud a la persona. De otra manera, el cerebro buscará repetir los ciclos de dopamina, de emoción y enamoramiento, y por lo tanto va a buscar a otra persona para iniciar este proceso.

La separación y el desamor enseñan mucho al cerebro, es necesario vivir esta experiencia. Encontrar una respuesta real de las cosas explica el origen de la separación. La incertidumbre genera estrés y autodestruye; una explicación nos ayuda a entender por qué ya no queremos a esa persona. Esta explicación puede encontrarse gradualmente a lo largo de los meses y puede modificarse tantas veces sea necesario para ayudarnos a disminuir el dolor del desamor. No encontrar una explicación adecuada hace que vivamos más tiempo el proceso de desamor de una manera patológica, como en el caso de Julieta. La gran mayoría de los cerebros de los varones son como el de Marco Antonio, quien aprendió de la experiencia y tomó con resiliencia la separación, evitando cometer los mismos errores que cometió con Julieta y procurando que la nueva relación tenga una mejor adaptación y salud mental.

CAPÍTULO 18

Amores que matan

Era un viernes maravilloso, 15 de febrero, un día después del que marca el calendario para festejar al amor y la amistad. La ciudad aún estaba tapizada con el ánimo mercantilista del festejo de una de las emociones más agobiante, enajenante y adictiva para el ser humano: el amor. Sí, el amor, la motivación de las más grandes hazañas en la vida y, al mismo tiempo, el responsable de los más grandes errores.

Eran las 10:32 de la mañana, en la casa de Claudia y Vicente se encontraba la policía, cinco patrullas flanqueaban el hogar al que muchas veces entraron felices y en el que convivían con sus dos hijos de cinco y siete años. Más de 25 personas entraban y salían de la casa, que ya se encontraba limitada por líneas amarillas de plástico y un extenso hablar a través teléfonos celulares. Los vecinos, asombrados, nerviosos y angustiados, se preguntaban unos a otros lo que sucedía. Algunos periodistas llegaron y el lugar empezó a tener cada vez más y más personas, combinados entre familiares, vecinos y mirones. Algunas vecinas empezaban a llorar al saber el motivo: Claudia le había disparado todo el cartucho de una pistola a Vicente, lo había matado en la sala principal de la casa. Era una tragedia, era terrible.

Claudia estaba aturdida, en shock. No respondía a las preguntas de los policías, solamente afirmaba con movimientos de cabeza que ella sabía que había matado a Vicente. No hubo necesidad de sometimiento, esposaron a Claudia dentro de su propia casa y la flanquearon dos policías para llevarla a una patrulla. Se la llevaron al penal más cercano, en donde se iniciaron las averiguaciones y fue recluida a una celda. Sus hijos primero fueron llevados a una guardería institucional durante semana y media, después fueron cedidos al cuidado de la abuela materna.

Un año y tres meses después, un jurado declaró culpable a Claudia de haber asesinado a su marido en un arrebato de enojo. Un día antes del asesinato, Claudia descubrió a su marido y a su amante entrar a un hotel y salir casi cuatro horas después. Continuaron una sesión de besos hasta dejarla en la casa de ella. Ya entrada la noche, Vicente regresó a su casa. Vicente nunca se dio cuenta que el auto de Claudia circulaba muy cerca del suyo, estaba demasiado concentrado en su acompañante. Una mujer mucho menor que él que trabajaba en el mismo corporativo en el cual era un empleado muy cercano a la dirección.

Claudia y Vicente habían estado casados por más de ocho años, ambos profesionales en el campo de la ingeniería, ambos con posgrados terminados. Se conocieron en un congreso de arquitectura. Salieron por más de dos años, comprometiéndose poco a poco. Su noviazgo había sido una relación promedio, con altas y bajas. Sin embargo, en las investigaciones fueron saliendo gradualmente algunos detalles que enmarcarían la tragedia de esta relación.

Claudia es una mujer de 28 años, morena clara, de baja estatura, sumamente atractiva e inteligente. De carácter fuerte y firme, es hija única de un matrimonio estable y de severos lineamientos, con antecedentes de corregir en forma violenta las conductas de su hija en la adolescencia. El padre de Claudia es un hombre fuerte con una historia de constantes castigos, de justificar su cariño y la negociación de privilegios. En la adolescencia y juventud, Claudia llegó a sus compromisos sociales y escolares con golpes y moretones en su cuerpo y cara, producto de las discusiones familiares que su padre terminaba con claros abusos de su autoridad y fuerza. Todos sabían –amistades, compañeros y familiares- de los excesos del padre de Claudia, algo que, sin embargo, fue endureciendo cada vez más el carácter de su hija. Ante estas situaciones, la madre de Claudia amenazó varias veces con dejar el hogar.

Entre los 15 y 19 años, la vida de Claudia fue por momentos un infierno. Tenía que trabajar y estudiar al mismo tiempo, responsabilizarse de cosas que incluso a veces no le tocaban y cooperar económicamente en la casa. Pero lo más importante se origina en los horarios: casi no tenía permisos, no acudía a fiestas. Su entorno social era críptico. Por esta razón, Claudia casi no tenía amigos. En relación con su vida sentimental, los tres novios que había tenido antes de conocer a Vicente habían terminado en menos de un mes porque Claudia, a la menor provocación o enfado, terminaba por cortarlos de una manera violenta. Es importante notar que en las tres relaciones había existido un patrón en común: Claudia siempre había interpretado que cada uno de sus novios no la quería lo suficiente, encontraba cualquier motivo para sentirse que no valía mucho y sentía celos por cualquier mujer que le sonreía a sus novios. El rechazo, el odio hacia su pareja y la violencia con la que discutía asustaba en su momento a cada uno de sus novios. Su vocabulario se transformaba en groserías, en una violencia desproporcionada para después continuar en un llanto y pedir que esa relación no continuara más. Claudia prefería estar sola a aguantar los caprichos de otra persona, ella entendía que no estaba bien, y entendía que era celosa y que le costaba mucho trabajo controlar sus emociones negativas. Pero nunca estuvo dispuesta a ir a un terapeuta.

Vicente era el segundo hijo de una familia de cuatro hermanos, todos descendientes de una tradición de ingenieros. De carácter afable, bohemio y sumamente enamoradizo, la característica de Vicente que todos sus familiares y amigos más cercanos indicaban era la de un soñador empedernido, gentil con las mujeres y estupendo amigo. Era solidario, de risa constante y siempre tenía un consejo para aquellos que podían tener algún problema. Solía tomarse las tardes del jueves para asistir a sesiones de dominó y cervezas con los amigos de la oficina. Este era uno de los principales problemas que generaban tensiones en su matrimonio. Claudia no estaba dispuesta a seguir tolerando que su marido continuara con conductas de adolescente que, según ella, debería dejar a los 25 años.

Vicente era atractivo para la gran mayoría de las mujeres que lo conocía, más que por su físico era por la forma de hacer sentir a las mujeres. Siempre se refería a ellas como hermosas o guapas y tenía siempre una palabra que las hacía sentir distinguidas. La diferencia de tres años entre Claudia y Vicente solamente tomaba importancia cuando Claudia lo amenazaba con divorciarse, asumiendo que ella tenía mayor madurez. Para Vicente no era tan importante la diferencia de edades, él siempre quería conservar a su mujer, que le atraía demasiado, de la cual se había enamorado y a la que apreciaba tanto sus consejos profesionales, que siempre le habían ayudado a tener éxito en las tomas de decisiones en la empresa.

Los hijos los transformaban. Para él, sus hijos eran el motor de la vida, los amaba. Si bien por momentos entendía la desesperación de su mujer por algunas de sus actitudes infantiles, Vicente siempre trataba de compensar las tensiones con una buena economía. Él, como proveedor de esa casa, trataba siempre de mantener los mejores elementos para que su familia tuviera comodidades. Vicente no regañaba a sus hijos, ni siquiera cuando Claudia se lo pedía y le exigía que pusiera los límites suficientes para que ellos tuvieran una buena educación. Sin embargo, Claudia tenía una rivalidad constante con el hijo mayor y lo golpeaba prácticamente cinco de los siete días de la semana. Claudia repetía la rigidez a la que la habían sometido en su infancia y adolescencia en la educación de sus hijos. Incluso sabiendo esto, Vicente por momentos trataba de calmar a Claudia y minimizaba mucho las peleas y los castigos que tenía con sus hijos. Procuraba que ambas partes se tranquilizaran. Él terminaba llevándose a sus hijos a jugar, a continuar las sesiones de videojuegos o bañándolos. Siempre justificaba la conducta de su madre y también evitaba que Claudia siguiera de alguna manera gritándoles y fustigándolos con la necesidad de mantener siempre la casa limpia, el orden de sus cosas y las tareas terminadas.

Los fines de semana algunas veces eran hermosas experiencias de familia, pero también se convertían en experiencias interminables por el fuerte carácter de Claudia. Nunca hubo una discusión enfrente de los hijos, Vicente siempre se agachaba y soportaba las groserías y la manera de insistir en la corrección de un problema, por mínimo que fuera.

Durante siete años, este matrimonio con altibajos había solidificando poco a poco su estabilidad económica. El trabajo de ambos había tenido provecho, pero su vida sexual había disminuido considerablemente. Vicente siempre buscaba la forma de estar con Claudia de una manera más intensa, sin embargo, ella consideraba que el sexo solamente debería ser cuando fuera necesario, un aprendizaje que trataría de llevar para siempre: un contacto sexual al mes. La convivencia con sus amigos, el alcohol y, de alguna manera, la confianza que había entre ellos hicieron que Vicente les confiara esta situación. Sus amigos lo animaron a buscar en otra parte lo que no encontraba en casa. De esta manera y sin invertir mucho tiempo, Vicente empezó a ver a Roxana, una de las secretarias de la compañía, a escondidas. Al principio, ella no estaba muy convencida de iniciar una relación con un hombre casado, sin embargo, el matrimonio inestable de Roxana hizo que poco a poco tuviera sentido la amistad, que evolucionó a un cariño de pareja que se fue solidificando durante los intensos meses que compartieron a escondidas. Solían escaparse a un hotel los jueves para estar solos.

La relación entre Roxana y Vicente fue tomando cada vez más fuerza, ambos sabían su límite: sólo involucraban un presente lleno de momentos de pasión, de confidencia y un tiempo para tratar de calmar lo que no encontraban en sus matrimonios. Vicente dejó varias pistas sueltas de su relación con Roxana, por ejemplo, facturas de pago de restaurantes, pagos con tarjeta de crédito y algunos regalos que le dio a su amante. Vicente era tan transparente que a veces no dominaba su alegría cuando regresaba a su casa. La manera en la que Claudia trataba todas las cosas la hizo sospechar gradualmente. Por sí sola fue conectando las evidencias, no le costó más de tres semanas llegar a sus conclusiones.

Un cerebro enamorado disminuye su lógica y objetividad; en el enamoramiento no existe congruencia. Una semana antes del 14 de febrero, Vicente le compró un reloj a Roxana. Claudia encontró en los documentos fiscales de ambos el comprobante, además identificó la reservación del hotel, así como un total de siete pagos de diferentes restaurantes de lujo y glamour. Así, como un depredador acecha a la presa, sabiendo que cada movimiento debe ser perfectamente estudiado, Claudia se fue llenando de enojo, pero sin saber de quién se trataba y si realmente se enfrentaría a una infidelidad de su marido. Esperó a que llegara la fecha en la que ocuparía la reservación del hotel. Los días previos fueron un infierno para ambos, Claudia discutía de todo. Vicente, aunque acostumbrado al mal carácter de su esposa, prefería no involucrarse en cada punto de su discusión.

En una total búsqueda de castigar a quien rompió una regla, de no permitir que nadie alterara las normas legales a las cuales ella también se había sometido, el cerebro de Claudia proclamaba justicia y castigo. Como lo aprendió desde pequeña, como siempre lo ejerció. La noche del 14 de febrero fue una noche especial. Apenas entró Vicente a la casa, ella abrió la puerta principal e inició con sarcasmo su reclamo. Su enojo fue creciendo cada vez más. Había sido testigo de la infidelidad de su esposo. Gritaba y discutía, en realidad no escuchaba lo que Vicente le decía. Por momentos lloraba y por otros más llegó a golpear a su esposo, buscando arañarle la cara. Sus hijos lloraban y suplicaban que ambos se calmaran. Vicente todavía se tomó el tiempo de abrazar a los niños, subirlos a su cuarto y esperar que durmieran. Claudia se quedó dormida en el sofá.

A las siete de la mañana, Vicente preparó el desayuno, baño a sus hijos y los llevó a la parada del autobús de la escuela. Claudia estaba encerrada en el baño, en su cabeza no había más que la proclamación de justicia ante el engaño al que había sido sometida. Recordó claramente que uno de los regalos que le había otorgado su padre era un revólver que ella había guardado atrás de algunos libros de su biblioteca. Escuchó cómo Vicente regresó a la cocina y se metió a bañar. Al terminar de arreglarse bajó para despedirse de ella, pidiéndole nuevamente perdón, diciéndole claramente que arreglaría las cosas, que para él era muy importante su matrimonio y que él entendía perfectamente lo que había sido capaz de hacer, que estaba apenado, que lo sentía.

Claudia ya no escuchó más. Nuevamente, Vicente movía su boca, pero no había congruencia en las palabras que emitía, ya no escuchó sus disculpas. Vicente no se dio cuenta del revólver que ella escondía debajo de un cojín del sofá. Cuando él pretendió acercarse a ella, Claudia, sin pensarlo, detonó automáticamente todas las detonaciones que podía realizar con el arma de fuego. Dada la cercanía, todas dieron en el blanco. Dos de ellas fueron mortales inmediatamente: una directamente al corazón y otra en el hígado. Vicente ya no tuvo conciencia, murió a los pies de su esposa en la alfombra de la sala. Pasaron solamente siete minutos para que la policía llegara a la casa. Claudia no abrió la puerta, la policía entro por la fuerza para encontrar la escena dantesca del crimen. Claudia, sentada en el sillón con la mirada perdida, con el revólver en mano y el cuerpo de Vicente a sus pies, repetía constantemente: "Se lo merecía, se lo merecía."

¿Qué sucedió en ambos cerebros?

Un cerebro violento modifica la percepción de la represión y la culpa, se justifica constantemente. De la misma forma, un cerebro agresor comúnmente tergiversa o minimiza las consecuencias de sus actos violentos. Los miembros tóxicos de una pareja violenta tienen un denominador común: siempre le atribuyen la culpabilidad a otros. Por una parte, el proceso violento tiene antecedentes psicológicos: muchas de sus conductas se copian en la primera infancia, se troquelan en las partes más importantes de la memoria que a su vez interpretan el dolor físico y moral. Algunos personajes logran tener empatía a través de eventos violentos, incluso es el medio de comunicación a través del cual pueden lograr empatía y apego con sus verdugos. Un individuo violento aprende a ser violento en el interior de su casa, amplifica las señales con la poca retroalimentación social. Claudia tenía una terrible herencia que no supo entender y no quiso tratar, y que cobró graves consecuencias no solamente con su vida, sino también con terceras personas.

Vicente tenía otra manera de ver la vida. La atenuación del castigo y evasión del dolor están asociadas a la inmadurez, ya que a sus 25 años la corteza prefrontal aún no está completamente conectada. Esto comúnmente permite que los varones de edades semejantes sean superficiales en la toma de decisiones y en la medición de las consecuencias. Los cerebros de hombres inmaduros también atenúan la sensación de culpabilidad, además, tienen la sensación de que al pedir perdón pueden remediar inmediatamente sus actos negativos.

Claudia no cometió el primer asesinato por un ataque de ira y celos en la historia de la humanidad. Detrás de una patología semejante a la celotipia se encuentran antecedentes de desaprobación, violencia, mentiras y abandono. Entre las primeras causas de homicidio se encuentran la violencia y los celos. Detrás de estos eventos se encuentran factores culturales, sociales y cognitivos que interactúan directamente y retroalimentan los procesos biológicos que en el cerebro van modificando la manera de interpretar y entender muchas de las circunstancias de una pareja.

Los celos están circunscritos en circuitos neuronales, son específicos para cada sexo. Son una moción innata y adaptiva. La manifestación conductual de los celos depende de muchos factores. El proceso cognitivo emocional de los varones ante la infidelidad sexual es un proceso biológico en la evolución del cerebro, busca evitar que la fecundación del óvulo se dé por otro varón, por lo que debe existir la garantía de paternidad en el cuidado de los genes. En este caso, los celos generan una emoción en contra del engaño. Las mujeres desarrollan una conducta innata sensible a la infidelidad emocional, cuya base es que los hombres deben invertir sus recursos en la mujer y los hijos; las mujeres interpretan más rápido que los hombres pueden copular con otra mujer sin estar enamorados, por lo que entienden que la infidelidad sexual no implica necesariamente una infidelidad emocional, pero ahí radica el peligro de su interpretación. Una mujer entiende que el hombre puede enamorarse de otra mujer y elegirla sobre de ella, entendiendo entonces un compromiso emocional que les es más difícil tolerar. Estas no son las únicas explicaciones de por qué el cerebro tiene celos, ya que esto depende también de la cultura en la que nos formamos.

Cuando tiene celos, el cerebro determina que existe un peligro latente, genera una respuesta adrenérgica y percibe todo como una posible amenaza. La actividad cardiaca aumenta, la frecuencia respiratoria se acelera, la piel transpira más, se reseca la boca y aparece la sensación de ansiedad, miedo, temor y, en algunas personas, excitación sexual. Una persona con celotipia vive convencida de que su pareja le es siempre infiel. Sienten ansiedad, depresión y la necesidad de espiar a su cónyuge. Generalmente recurren a la agresión o a la generación de violencia doméstica, no solamente en contra de su cónyuge, sino también en contra de sus hijos. La idea de la traición sexual se convierte en obsesión.

En el caso de Claudia, se asociaron dos eventos que son detonantes sobre un mismo vector: una personalidad violenta asociada a una incapacidad de manejar los celos. Para una persona con celotipia, las señales de infidelidad asociadas a las sospechas suelen confirmar que una persona le es infiel. Las crisis de confianza no se fundan siempre sobre hechos reales, la amenaza se recrea con frecuencia en la propia imaginación, también de la misma forma se piensa en el posible castigo. A su vez, el castigo depende de la magnitud de la evaluación, del cariño que se siente por la persona y la necesidad de justicia. Por eso, una persona que ha tenido violencia en la infancia y es celosa comúnmente genera demasiados problemas con sus parejas.

Cuando sentía celos, se activaban regiones neuronales en el cerebro de Claudia relacionadas con conductas agresivas y sexuales, como el hipotálamo y la amígdala cerebral.

Sin embargo, es muy importante marcar que en las mujeres se activan neuronas del surco temporal superior, implicado en la percepción social Además, se da una gran activación en una de las zonas asociadas al proceso del dolor físico, como en la ínsula y el giro del cíngulo. Por esto, la emoción le generaba violencia y le disminuía la objetividad. Nadie puede ser inteligente en un ataque de celos.

La infidelidad no es un proceso espontáneo sin previo aviso, también tiene factores biológicos y sociales. Comúnmente, la generación de personajes celosos en las diferentes generaciones de una familia está asociado con copiados sociales. Los varones con altos niveles de testosterona tienen un incremento en el tamaño de la amígdala cerebral, que a su vez se ha relacionado con promiscuidad y relaciones superficiales.

Los celos aparecen desde que tenemos seis meses de edad. Sus primeras expresiones de enojo se manifiestan desde los cuatro años. En una infancia en la que se observa el favoritismo y generalizaciones en la autoestima, tanto la persona que se elige como la que se siente menos favorecida se hacen más sensibles al estrés. Es decir, los tratos preferenciales en sí mismos llevan antecedentes psicológicos y biológicos que pueden detonar aspectos negativos de la personalidad en relación a la expresión de los celos y su interpretación en la etapa adulta. Un ataque de celos puede aparecer más fácil en personas con datos de esquizofrenia, enfermedad de Alzhéimer o aquellas que abusan del alcohol.

Diversos estudios en el campo de las neurociencias indican que las mujeres experimentan sentimientos más negativos e intensos al imaginar que su pareja tiene aventuras amorosas.

Queda de manifiesto que los varones cometen más homicidios por celos que las mujeres.

En los cerebros de Claudia y Vicente, los frenos sociales fueron poco entendidos, el entendimiento de los límites no quedó plenamente establecido en su corteza prefrontal. La ejecución de la violencia por parte de Claudia se vio favorecida por la violencia pasiva que retroalimentaba Vicente. Vicente no entendió los límites y las consecuencias negativas de sus excesos, pensó que con amor podía cambiar la actitud de Claudia. El limitado marco de ejecución y la constante ira, juicio y violencia de Claudia fueron un excelente caldo de cultivo para el detonante de una violencia que terminó en tragedia.

Posteriormente, Claudia se dará cuenta de la importancia de atender a tiempo su problema conductual. Normalmente, cuando estamos inmersos en él solemos negarlo o no otorgarle la dimensión justa. Una atención profesional en el momento indicado y una explicación adecuada de las cosas puede ayudar a una persona celosa a controlarse y a un violento a mejorar su interacción social y limitarse. Tomar las cosas con responsabilidad, valorar lo que se tiene y aprender a medir los riesgos de nuestros actos son eventos de madurez cerebral. No es necesario que pasen tragedias en nuestra vida para modificar a tiempo y aprender de los sucesos negativos.

CAPÍTULO 19

El desamor gran maestro que enseña al cerebro

Cuando Andrea tenía 17 años se enamoró perdidamente de Alonso. Él era sólo tres meses mayor que ella. Era su primera experiencia amorosa, también fue la primera vez que entregó su sexualidad a un hombre. Era un enamoramiento pasional, increíblemente adictivo. En tan sólo tres meses de haber iniciado la relación, compartían absolutamente todo. Se les veía en la casa de uno u otro, y por momentos resultaba incómodo para las familias tolerar a los pequeños novios. Andrea y Alonso hacían los trabajos escolares juntos y compartían prácticamente todas las actividades extraescolares. Los sábados y domingos los pasaban viendo la televisión, en el cine, o en excursiones a pueblos cercanos de la ciudad. Había una magia increíble entre ellos. Andrea pensaba que Alonso era el amor de su vida, no tenía defectos, era inteligente, guapo, asertivo y apasionado.

Tres años después, la relación se había enfriado. Alonso ya no buscaba tanto Andrea, pasaba más tiempo con sus amigos y apareció el alcohol. Alonso empezó a beber, primero en forma esporádica, pero después de seis meses, cada vez con más frecuencia. Era común que Andrea terminara sacando a su novio de los bares, cargándolo y limpiando los vómitos que él tenía cada vez más seguido por el exceso de alcohol. Las fiestas de ambos se convertían en discusiones en las que Andrea le pedía que no bebiera en exceso y Alonso la retaba a que no lo limitara. La fiesta de graduación de la preparatoria fue, más que una celebración, una tortura para ambas familias, ya que las discusiones también eran cada más comunes entre Andrea y Alonso. Tres años habían sido un ir y venir, empezando por experiencias maravillosas que poco a poco se convirtieron en discusiones banales y enojos cada vez más frecuentes.

Alonso se enamoró de Angélica, una compañera de la universidad. Empezó a salir con ella a escondidas. Andrea sentía tristeza y enojo porque sabía que él no quería verla. Alonso ya no contestaba el teléfono, la borró de sus redes sociales y se escondía cuando veía a Andrea cerca. Tal parecía que Andrea había tenido una enfermedad infecciosa, ya que Alonso estaba totalmente convencido de que no quería hablar ni una sola palabra con ella.

En la universidad, sin saberlo, dejando que el silencio enfriara las cosas, Andrea pasó del llanto al olvido de la experiencia con Alonso. Andrea se preguntaba constantemente qué había pasado, ¿por qué ese hombre que era tan maravilloso había cambiado? ¿Por qué Alonso ya no sentía amor? En consecuencia, sentía que la despreciaba. Por momentos se sentía culpable de esta situación, primero por haberse entregado tanto a un hombre que, según ella, nunca la había querido, sólo la había utilizado. Pero también sentía coraje porque no supo darse cuenta lo que sus familiares le decían, en especial su hermana y su madre, que trataron siempre de ponerla en la realidad.

A los 21 años Andrea conoció a Alejandro, un hombre robusto, alto, de ojos claros, voz gruesa, inteligencia promedio y una sonrisa agradable. Desde el primer momento que se conocieron hubo química. Andrea era un año mayor que Alejandro. Durante los exámenes finales del tercer año de la carrera de contaduría, Andrea volvió a sentir que el amor florecía en ella. Alejandro iba un año antes en los cursos, por lo que Andrea le ayudaba en sus exámenes, a preparar sus trabajos, incluso era capaz de hacerle las tareas a ese hombre que la hacía sentir mariposas en el abdomen. Casi al finalizar los cursos, Alejandro le pidió Andrea que fueran novios. A los dos meses de salir, iniciaron vida sexual.

Para Alejandro, Andrea era su primera novia; para Andrea, era la oportunidad de cambiar muchas cosas que se había prometido no volver a hacer si tenía otro novio. Andrea decidió no involucrarse tanto en esta nueva relación. De tal manera que ella solicitaba no verse con tanta frecuencia, procuraba mantener una distancia sana a través de no llamarle tanto tiempo y no conocer a la familia de su nuevo novio. Alejandro ejercía cada vez más fuerza para verse, él le pedía una cita por lo menos cada tercer día. Andrea consideraba que si se involucraba más con este hombre podía sentirse nuevamente vulnerable y rechazada, no quería volver a tener la misma experiencia que le había dejado Alonso. Sin darse cuenta, así pasó un año. Para entonces la relación, que ya consideraba estable y armoniosa, fue cambiando nuevamente. Fue Alejandro el que un día, sin previo aviso, fue a verla a su casa. Ella se sorprendió, ya que Alejandro no tenía la invitación formal de ir a su casa.

Él, muy serio y de una manera firme, le dijo: "Querida Andrea, he venido a verte para decirte que no quiero estar más contigo. He tratado de decirte que te amo y que eres lo más importante para mí, sin embargo, no sé porque me tratas mal, no sé cuál es la razón por la que no me quieras en tu vida. Creo que si desde el principio hubiera sabido que me tratarías tan mal, no hubiera salido contigo. El hecho de que seas mayor que yo no te da derecho a pensar que soy tonto o inmaduro. He tratado de hacerte ver que mis intenciones eran buenas, pero no estoy dispuesto a seguir de esta forma. Me conformo con saber que te quise y me quisiste, me voy con la firmeza de saber que alguien me va a valorar mejor que tú."

Dicho esto, Alejandro sacó de su bolsa algunos presentes que Andrea le había regalado, algunas cartas escritas por ella y los discos que habían comprado juntos. Ambos se abrazaron con lágrimas en los ojos. Andrea le pidió perdón, le dijo que le diera una oportunidad de cambiar. Pero Alejandro estaba convencido de que no había oportunidad más con esa hermosa joven que él admiraba aún, él sabía que ella no lo quería lo suficiente. Por más de dos meses, Andrea quiso comunicarse con él; de nuevo otro hombre no le tomaba la llamada, no la buscaba, no quería saber más de ella. A diferencia de su primera relación, en esta ocasión ella sentía tener la culpa y se sentía responsable por la forma que Alejandro había decidido irse de su vida. Había una mezcla de tristeza y coraje, asociada a una sensación de no haber hecho lo correcto y, al mismo tiempo, de sentir que podía componer las cosas.

Casi cinco meses después, Andrea se armó de valor y buscó a Alejandro. Ella se había puesto uno de sus mejores vestidos, se había peinado para la ocasión y se había maquillado de forma diferente, se veía espectacular. Así, dispuesta a reconquistar a ese hombre, lo fue buscar a su trabajo de forma imprevista y sin avisarle. La sorprendida fue ella: Alejandro vestía un traje gris, camisa blanca y una corbata roja. Se veía guapísimo. No verlo durante casi siete meses la había hecho sentir que su amor por él había crecido.

Andrea se encontraba parada en la acera de enfrente, su sonrisa era increíble, sus ojos se iluminaron. Al mismo tiempo, casi cuando Andrea dio el primer paso para sorprender a Alejandro, se escuchó el grito de una mujer que lo llamaba con mucha familiaridad: "¡Alejandro, mi amor!" Andrea se quedó de una sola pieza, no supo qué hacer, se quedó impávida. Rápidamente, una mujer más joven que ella, sonriente y feliz, casi corriendo abrazó a Alejandro y le otorgó un profundo beso en los labios. Él la abrazó, le dio dos vueltas al aire que hicieron que casi perdiera el equilibrio. Su portafolio cayó y los dos rieron estrepitosamente. Él parecía transformado. Ninguno se percató que Andrea los observaba detenidamente.

La sonrisa desapareció de los labios de Andrea, sus pupilas se dilataron, su boca se quedó seca, había un nudo en su garganta, sus manos empezaron a temblar, las lágrimas salieron de sus ojos sin que ella lo percibiera, su maquillaje se corrió. Sintió que daba vueltas y un fuerte dolor, punzante en su abdomen; sintió que su vista se nublaba. La joven pareja desapareció casi corriendo de ahí, jugueteando y sin voltear a otro lado. Seguían viéndose y diciéndose cosas que les habían sucedido durante el día. Andrea no sabe cuánto tiempo duró parada en ese lugar, se regresó a su casa y, como autómata, se rindió en su cuarto. Ahora el llanto era distinto, ahora el desamor dolía de forma diferente.

Pasaron dos años de esa experiencia. Ahora era una mujer de 23 años. Había logrado ingresar a una empresa líder en bienes raíces. Había escalado rápidamente el escalafón de la empresa, tenía la subjefatura y eso representaba una gran comodidad financiera. Maximiliano, un hombre atractivo de casi 40 años, divorciado, inteligente, sagaz, creativo y muy ambicioso, era su jefe. Habían realizado una excelente mancuerna. Andrea sentía una gran admiración por ese hombre, él le había enseñado muchas cosas que no le habían otorgado en la universidad.

Andrea sabía perfectamente bien cómo interpretar el lenguaje corporal de Maximiliano, sabía lo que él quería sin siquiera pedirlo, se adelantaba de manera brillante a muchas solicitudes que el corporativo solicitaba. La mancuerna había surtido tal efecto que los activos de la empresa se habían incrementado en más de 30%. Maximiliano no podía estar más que feliz por la llegada de Andrea. Al cumplir casi el año de su ingreso a esa empresa, Andrea y Maximiliano se quedaron toda la tarde y parte de la noche realizando el cierre fiscal anual. Por primera vez, él se percató del hermoso cuerpo de ella, de su sonrisa perfecta, de sus ojos hermosos. Cerca de las doce de la noche, ya muy cansados, Maximiliano le pidió que descansaran un rato. Ella aceptó a regañadientes y se quedó dormida en el sofá de la sala de espera de los clientes. Solamente se encontraban ella y Maximiliano, en el piso de abajo dos vigilantes hacían su rondín cada hora por todo el edificio. Aproximadamente a las tres de la mañana, Maximiliano se acercó y vio detenidamente a Andrea dormitando. El cansancio, la seducción, el deseo y el descubrimiento de esa mujer hicieron que se acercara poco a poco, sin que ella lo sintiera, hasta que tuvo sus labios frente a los de ella. Sin pensarlo mucho, la despertó con un largo beso en la boca. Ella despertó inmediatamente y, entre asustada y admirada por ese hombre, respondió a la serie de besos que poco a poco fue haciendo que perdieran la ropa en esa oficina. Ella lo esperaba, lo disfrutaba, en su mente había fantaseado tanto sobre ese momento que no se sintió forzada para lograr lo que ella había soñado y deseado.

A partir del día siguiente, la pasión fue increíble, ambos trataban de estar a solas, jugueteando con besos rápidos, caricias sin testigos. La vida los atrapó de una manera rápida e incesante. Lo que Andrea sentía ahora no tenía comparación con sus relaciones previas, se sentía protegida, deseada y, al mismo tiempo, se sentía capaz de manejar sola la relación. Todo parecía que se acomodaba por primera vez en su mente, jugó a casarse con ese hombre, sentía que podía durar toda la vida con él.

Andrea no se dio cuenta de que la mezcla del amor y el trabajo nunca tiene buenos dividendos, que es todavía más peligroso cuando la jerarquía y la autoridad de alguien de la pareja pueden jugar en contra de la relación. El juego erótico era cada vez más intenso y se iban descuidando detalles del trabajo, incluso se cometían errores terribles en el cálculo de impuestos y de pagos de la empresa. Maximiliano gradualmente se dio cuenta de esta situación, Andrea no. Nunca compartieron la relación con nadie, ambos se negaban cuando se les preguntaba si existía cariño o atracción. Sin embargo, cuando no había nadie explotaba la pasión entre ellos.

Siete meses después de haber iniciado esta relación, Andrea encontró un cheque a su nombre en su escritorio. Era su liquidación económica de la empresa. La suma era bastante considerable, sin embargo, no le quedaba clara la razón por la cual se le despedía. El cheque estaba firmado por Maximiliano. Un extraño presentimiento empezó a generarse en su cabeza. Se sentía nerviosa, dubitativa e impresionada, un sentimiento que no la dejó hasta casi 40 minutos después, cuando reaccionó y se dirigió a la oficina de Maximiliano. Ahí, ese hermoso hombre la recibió con un gesto serio, molesto pero amable. Ella, con una mueca de sonrisa, moviendo ligeramente la cabeza y con su cheque en la mano derecha le dijo: "¿Mi amor, qué pasa? ¿Qué es esto?"

"No soy tu amor, no confundas, no me cuestiones. Soy tu jefe", respondió Maximiliano. Andrea volvió a sentir que todo le daba vueltas, apareció nuevamente el dolor agudo en el abdomen, el temblor en sus manos, el nudo en la garganta y su boca seca. Maximiliano estaba sentado del otro lado del escritorio. Ella, de pie, empezaba a desvanecerse en lo físico y en lo moral.

"No, no me hagas esto. ¿Qué hice?, ¿qué te hice? ¿De qué me acusas?, ¿por qué me despojas? ¿De qué soy culpable, Maximiliano?"

"Es de reconocer que fuiste muy astuta, te aprovechaste de esta situación. No solamente te estoy pidiendo que te vayas de la empresa, te estoy pidiendo que salgas de mi vida. No quiero volver a verte, por tu bien no vuelvas a regresar a esta empresa", replicó él.

"No, no... espera. ¿Qué es lo que me quieres decir? Sólo te pido eso, dime, por favor, ¿qué sucedió?"

"Andrea, existe un desfalco, un mal cálculo en una cifra de impuestos que no realizaste adecuadamente. Los dueños de la empresa me exigen arreglar esto inmediatamente. Es tu cabeza o la mía, no me hagas darte más explicaciones. Tengo hijos que mantener, tengo un prestigio que cuidar, un futuro en el cual no debes estar tú."

La sentencia estaba dada. Maximiliano fue juez y parte de un error que bien podría haberse remediado, pero él no estuvo dispuesto a continuar con ella. La ecuación era más simple de lo que había previsto, por más doloroso que esto fuera, se daba cuenta de que Maximiliano no la amaba. Si bien había estado con ella, él no tenía un compromiso más allá que la pasión. La relación había sido asimétrica desde el principio. Ella sí lo quería, incluso lo amaba. Él no. Haber combinado el trabajo y lo personal había resultado en un golpe catastrófico. Andrea no solamente lloraba por haber perdido la relación, también lloraba por su trabajo. Se había dado cuenta de que había entregado demasiado tiempo sin lograr consolidar amistades ni visitar a su familia. Ahora, estando sola, consideraba que no había tomado interés por las personas que le habían mostrado cariño en su momento. No solamente estaba sola como pareja, sino también como amiga, como hija y como compañera.

En la mente de Andrea resonaban mucho las palabras de Maximiliano: "Un futuro en el cual no debes estar tú." La frase tenía varios elementos que analizar: futuro, estar, tú. No sabía qué le dolía más: no haberse dado cuenta de que su pasión no fue correspondida, sentirse utilizada o ver un futuro sin sentirse plenamente correspondida. Cada una de las tres relaciones con diferentes hombres le había enseñado algo distinto: por un lado se enteró que el enamoramiento no es para siempre; por otro, que la reciprocidad debe ser considerada un factor importante en la expresión del amor; finalmente, que algunas personas que pasan por tu vida se pueden aprovechar de lo más importante que tienes, la dignidad.

¿Qué sucedió en el cerebro de Andrea?

La neuroquímica cerebral del enamoramiento y la pasión elimina la lógica, la congruencia y la objetividad de nuestro cerebro. Cuando deseamos a una persona y logramos que nos haga caso, la neuroquímica es todavía aún más intensa. Los altos niveles de dopamina, adrenalina, endorfinas y serotonina nos transforman en individuos poco inteligentes. Enamorados, tomamos las decisiones importantes de una manera subjetiva y sin meditar las consecuencias. De la misma manera que después de la lluvia viene la calma, después de la liberación de dopamina por estar cerca de la persona amada se continúa un proceso de disminución en el cual la pasión disminuye y la objetividad aparece poco a poco. Este es un proceso inevitable que vamos entendiendo de mejor forma en medida que vamos madurando o, peor aún, el desamor nos enseña este proceso más rápido.

Antes de los 22 años, una mujer todavía no tiene conectada la corteza prefrontal, la parte más inteligente del cerebro. Parte de la madurez y el entendimiento de las relaciones depende del nivel de inteligencia emocional que la corteza prefrontal nos va otorgando mientras se va conectando a lo largo de la vida. En el caso de Andrea, las dos primeras relaciones de pareja que tuvo (Alonso y Alejandro) fueron antes de esta edad. Es en ese periodo crítico cuando los enamoramientos son más intensos y el desamor puede enseñar las experiencias más dolorosas de la vida. La tercera relación de Andrea, que incluso puede ser la más dolorosa, fue cuando ya tenía 23 años, con una corteza prefrontal ya formada. El denominador común de todas las relaciones que tuvo Andrea es que no encontró una explicación adecuada de por qué tenían que terminarse. Ninguno de los hombres que estuvieron en su vida le otorgaron una explicación de por qué se separaban de ella. En consecuencia, su cerebro no aprendió, o al menos no encontró una salida lógica para saber separarse en un tiempo pertinente.

87% de las relaciones que tenemos en la vida van a terminar en menos de tres años, peor aún, esas personas van a desaparecer de nuestra vida en un periodo no mayor a cinco años. En otras palabras, sólo una de cada diez personas que conocemos y pretendemos que nos ame, que queremos que esté a nuestro lado toda la vida, estará dispuesto a hacerlo. Por estadística, son pocas la personas que van a estar a nuestro lado. Nos conviene saber esta información antes de sufrir intensamente por una persona que ya no está a nuestro lado. El desamor es una parte muy importante en el aprendizaje del amor. Separarnos adecuadamente y entender la magnitud de nuestro sufrimiento sin otorgar victimización, conocer la autolimitación que el cerebro hará del dolor y saber que al final existe un aprendizaje del cual obtendremos herramientas psicológicas y cognitivas para mejorar la selección de una futura pareja, nos puede ayudar a disminuir el sufrimiento por la ausencia de la persona amada. Nos otorga estrategias para ser una mejor pareja.

El dolor en el desamor viene de la necesidad de reforzar el cariño con palabras, cercanía física y detalles de la persona amada. Su ausencia desgarra, lacera en la misma magnitud que la quisimos. Este proceso se lleva a cabo en una estructura cerebral llamada giro del cíngulo, la cual genera un procesamiento de dolor que comúnmente se inicia en el abdomen o en el pecho cada vez que se piensa en la persona amada. Por eso duele el desamor: no porque nos rompan el corazón, sino porque se activa una red neuronal que relaciona el dolor moral y el dolor físico con la ausencia. El desamor comúnmente llega tres años después de haber iniciado una relación con tanta pasión. No hay determinismos ni recetas. Es el tiempo en el que la dopamina cambia su concentración dentro del cerebro cuando estamos con la persona amada. Sin dopamina no hay pasión. Ingresar a esta etapa nos hace ser reflexivos, es el tiempo en el cual una persona elige quedarse con alguien para siempre o terminar una relación.

Prácticamente todos los procesos de duelo ante la separación tienen una dualidad muy importante: enojo y tristeza. Si el proceso no termina con una explicación, aparece la ansiedad, la necesidad de justicia y hasta la búsqueda de un castigo. Todas estas emociones negativas se incrementan más cuando la noticia del final de la relación se da en forma abrupta e irreversible, de manera que nuestras palabras no alcanzan a limitar el dolor y no entendemos de dónde vino la circunstancia. La incertidumbre genera una serie de emociones negativas cuando la persona amada no quiere hablar con nosotros. Es tal la disminución de serotonina en nuestro cerebro que el proceso genera obsesión y melancolía. Si el aprendizaje no se da, si el hipocampo en nuestro cerebro no registra adecuadamente la situación en la memoria, estamos obligados a repetir los ciclos de desamor patológico varias veces en la vida. Por eso, es muy importante reflexionar sobre el desamor, aprender de él, meditar su experiencia y retroalimentarlo con una explicación. Nos otorgará un aprendizaje que nos hará separarnos cada vez mejor cuando así se necesite y limitará el tiempo del proceso doloroso moral que caracteriza al desamor. Desafortunadamente, en el caso de Andrea el aprendizaje llegó muy tarde, pero el aprendizaje al fin evitará que ella vuelva a cometer los mismos errores después de que su corteza prefrontal ha madurado.

El cerebro es un órgano que se desensibiliza muy rápido. Ante un estímulo nocivo repetido, el cerebro también aprende a responder y adaptarse a él si hay una adecuada salud mental. Pero también es conocido que el cerebro responde más rápido y con mayor atención ante los eventos negativos que se pueden acompañar de dolor, abandono y violencia. El desamor es necesario en la vida de todos los seres humanos, el problema es que en nuestras primeras relaciones de pareja no entendemos cómo llevarlo, confrontarlo y aprender de él. El desamor debe tener manejo de tristeza, valoración, enojo, confrontación de culpa y, en ocasiones, vergüenza. Estas emociones amplifican la señal de aprendizaje; entre más negativa sea la emoción, el aprendizaje llega a consolidarse más rápido. El desamor tiene un lado positivo que a veces no apreciamos: nos hace más fuertes para relaciones futuras, en consecuencia, nos debe hacer mejores personas como pareja para proyectar un mejor futuro.

CAPÍTULO 20

Un amor real

Cincuenta y cinco años después de haber besado en los labios por primera vez al amor de su vida, a su amada, las manos de Armando, ancianas, arrugadas, sin mucha fuerza, sostienen con sus manos una pequeña urna color café con insignias del nombre de ella: Margarita.

Tiene una gran tristeza que se convierte en dolor en su pecho, lágrimas en sus ojos, su mirada está perdida en ese inmenso mar. No hay nada que ver en ese punto, sólo cielo, sólo mar; en esa barca iba acompañado de Miguel, un hombre de mediana edad que manejaba el pequeño bote con experiencia. Miguel observaba detenidamente cada detalle de su pasajero, viendo al anciano llorar y abrazar una pequeña caja de madera. No le decía ni una sola palabra. Cada vez la lancha avanzaba más, introduciéndose a un oleaje más intenso, al mar de Cancún. Miguel, el lanchero, respetaba el dolor de ese hombre y prefería escuchar la orden del movimiento y la velocidad del bote que le había dictado el anciano. Justo 55 minutos después de haber iniciado el viaje, Armando levantó su mano derecha y dijo con voz determinante: "Éste es el lugar." Solemnemente, dijo algunas palabras para sí, abrió la urna lentamente, como si la acariciara, y vació su contenido. Dejó que las cenizas se mezclaran en el mar, sus lágrimas también se unieron con la espuma del mar verde-azul. Al final de esa ceremonia especial, en el cerebro de Armando retumbaban los recuerdos.

Tan sólo cinco años antes, Armando y Margarita viajaron juntos por primera vez a Acapulco a la convención anual de la empresa que Armando representaba como gerente. Él tenía 78 años, y a ella con 73 le era un suplicio caminar. No obstante del problema de salud de Margarita, ese viaje representaba la cristalización de un sueño que ambos habían tenido durante mucho tiempo en su vida: conocer el mar. Margarita había soportado los dolores de la espalda baja y las piernas que gradualmente se fueron acompañando de una disminución de la fuerza muscular, con lo cual no había manera de caminar grandes distancias. Pero ése era un suceso especial, los habían invitado a un congreso fuera de serie. La empresa cumplía 50 años al mismo tiempo que llegaría la jubilación de Armando con el reconocimiento de los dueños y de todos sus compañeros. En una mesa especial, al final de la cena Armando le pidió a Margarita bailar. Ella, con una mueca más que una sonrisa, acordó solamente bailar tres minutos, no podía más. El dolor era tan fuerte que Armando lo entendió, después de eso decidieron irse a dormir a su cuarto. Mientras bailaron y ante la mirada de todos, Armando le cantó a Margarita el estribillo de la canción que sonaba:

Eres el mar
eres la brisa
si un día te vas,
llévate con tu recuerdo mi sonrisa...

Ella lo abrazó amorosamente y le sonrió, le dijo en voz baja: "Nunca se te quitará lo romántico, Armando de mi vida."

Al regreso de ese viaje, era impostergable la cita con el médico. En el hospital, Margarita fue sometida a todos los recursos médicos y asistenciales para identificar el origen de los dolores de espalda y piernas. Tuvo la necesidad de ser valorada por ortopedistas, traumatólogos, endocrinólogos, cirujanos y oncólogos. Cada evaluación parecía empeorar el pronóstico más que generar una mejoría y certidumbre médica. El diagnóstico era difuso, se convertía en una serie de justificaciones para la toma de medicamentos, cuya lista se acrecentaba conforme pasaba el tiempo. Los resultados de ultrasonidos y muestras de sangre no otorgaban conclusiones médicas, los tratamientos eran paliativos, no se podía tener precisión sobre la verdadera causa del dolor.

Casi once meses después del inicio del protocolo de estudio médico de Margarita, una resonancia magnética abdominal reveló como una bomba expansiva para toda la familia el origen del problema: un tumor de origen primario del hígado con metástasis a páncreas y a los cuerpos vertebrales lumbares. Esta invasión de células cancerosas a la columna vertebral era una invasión crónica y lacerante a los nervios ciáticos. Eso explicaba los dolores y la gradual disminución de la capacidad de movimiento. La palabra de origen, cáncer hepático, era lo que había dejado perplejos a Margarita, Armando y a sus tres hijos. No había mucho que hacer, estaba fuera de cualquier intento quirúrgico de extirpar la masa ocupativa en el hígado, así como disminuir las lesiones de los principios de los dos principales nervios de las piernas. Si bien la tristeza acompañó a la familia, Margarita fue la que soportó el impacto de la noticia. Tener certidumbre del origen de su dolor le dio fuerza para arreglar las cosas que tenía que hacer.

Veinticinco años después de haberse casado, Armando le dio una sorpresa a Margarita: le compró una casa. Sus hijos, que en aquel entonces tenían 12, 17 y 19 años, fueron los que más festejaron la oportunidad de tener un cuarto independiente y las comodidades de vivir en una casa con jardín y con más espacio por primera vez. Habían podido por fin salir de ese departamento de aquella colonia de clase media. Margarita no solamente se encargó de arreglar la casa, se encargó de formar un hogar para cada uno de los miembros de su familia, de cuidarlos cuando se enfermaban o cuando llegaban tarde después de una fiesta y de garantizar que existiera el alimento listo para comer algo caliente en cualquier momento. Armando se había tardado en llegar a ese proceso de independencia, pero por fin lo había logrado, producto de su trabajo y entrega a la disciplina laboral y gracias a la motivación de su familia. Armando amó siempre a su mujer por sobre todas las cosas, entendiendo que a partir de ella se le otorgaba la siguiente generación los principios que nacen en una familia. Margarita siempre le otorgó amor y respeto a Armando, aún en sus borracheras esporádicas, en sus gastos superfluos de cigarrillos o domingos largos de fútbol. Ella comprendía que en aquellos hombros a veces es necesaria la justificación de algunos de esos desvíos.

Armando conoció a Margarita en una fiesta de la colonia en donde apenas cruzaron palabra. Él se comportó grosero e incluso no sintió atracción hacia Margarita. Sin embargo, algo le llamó la atención de esa muchacha morena, de sonrisa ágil y fácil conversación. En ese entonces, Armando era un muchacho tímido, inmaduro, fácil de amigos y por momentos irresponsable.

Vivían a siete cuadras uno del otro, se empezaron a frecuentar y poco a poco se encontraban; en ambos existía la emoción y la expectativa de volverse a ver. Ella tenía varios pretendientes, todos buenos mozos y con grandes posibilidades de una vida con comodidades. Armando no era muy bueno hablando, mucho menos interpretando emociones. Lo que sí le quedaba muy claro es que empezaba a sentir un nerviosismo cuando sabía que vería a Margarita, tartamudeaba cuando quería decir algo que a ella le llamara la atención, incluso hablaba mal de los posibles novios que a ella le llamaban la atención. Una tarde de septiembre en la que caminaban en el jardín de la colonia, ella se atrevió a preguntarle si la quería. Armando balbuceó, tuvo miedo, las piernas le temblaban y le cambió la voz. No sabía qué pasaba, lo que sí era seguro era la emoción cada vez más fuerte por querer darle un beso a esa mujer. Entonces él tomó el mando, detuvo la caminata, se paró frente a ella, bajó la mirada para encontrar la suya y le preguntó casi temblando: "¿Margarita, quieres ser mi novia?" Margarita se sorprendió tanto que casi se le cae el helado.

"¿Y, para qué?", respondió.

"Para quererte toda la vida," dijo Armando.

A partir de entonces, Margarita y Armando iban juntos a todas las fiestas, las calles y eventos sociales que tenían sus familias. Ella apenas pasaba de los 21 años y él los 26, pero era suficiente para que todo mundo aprobara la relación. Los padres de ella estaban convencidos de que Armando era un buen muchacho; los padres de él se sentían muy conmovidos por la dulzura, belleza y honestidad de Margarita.

Casi un año después de iniciar la relación, una tarde de mayo junto a un árbol de duraznos, ambos se entregaron por primera vez a la pasión que los enamorados suelen tener cuando son jóvenes y se expresa a través de la entrega absoluta de la mente y el cuerpo. Ella, muy conmovida, apenada y llena de dudas, lloró por sentirse equivocada de la decisión. También para él había sido la primera vez. Feliz, desorientado, obnubilado y con miedo, le prometió casarse con ella y cuidarla para siempre, como siempre decía cuando quería comprometerse: ¡Para siempre!

La consecuencia de ese evento sutil e irresponsable de dos jóvenes enamorados sin mucha preparación fue que ella quedó embarazada. Las consecuencias sociales implicaban la necesidad de casarse para beneficio de ambas familias, convencidos de que podían realizar un matrimonio duradero. No hubo viaje de bodas, no había economía para realizarlo. Él le prometió en ese momento que la llevaría un día a bailar frente al mar de Cancún. Era una promesa, que por momentos se convertía en obsesión: "Te voy a llevar a conocer el mar más hermoso del mundo." Ella lo besaba y lo besaba para decirle: "No te preocupes, esta luna de miel debe durar toda la vida."

Nació Paola, una niña hermosa e inteligente que llenó de luz la casa de los padres de Armando, a donde se fueron a vivir después de casarse. Vino la necesidad de cambiar de trabajo, de dependiente de farmacia a vendedor de productos naturales en la industria cosmética. Así empezó una carrera laboral a favor de Armando, quien se esforzaba cada vez más por escalar dentro de la empresa. Incluso decidió estudiar la preparatoria y la universidad por las noches para aspirar a un mejor puesto, siempre con el apoyo de Margarita, otorgándole el tiempo y el apoyo suficiente. Del segundo embarazo de Margarita nació Armando Jr., el orgullo de papá y su consentido. Cinco años más tarde nació Raquel, la más pequeña y traviesa de la familia.

Armando se fue posicionando poco a poco en la empresa y fueron mejorando económicamente. Ya había comodidades en la casa, tenían ahorros. Poco a poco los niños se convirtieron en adolescentes, y las necesidades fueron cambiando de acuerdo a cada uno de los miembros de la familia. La promesa de Armando de llevar a Margarita a conocer el mar a veces se veía entorpecida por los compromisos laborales de él, en otras ocasiones por las actividades académicas de los hijos y cuando tuvieron que despedir a cada uno de los padres de ellos. El paso del tiempo era inexorable, a veces confuso, a veces irritable, pero siempre dejando lecciones. El matrimonio heredó el departamento que cada vez era más pequeño para la familia.

El origen de la fuerza de Armando siempre fue Margarita, sus consejos, sus cuidados y, sobre todo, su compañía. Mucha de la identidad de esa familia era gracias al trabajo de Margarita. ¿Si ella había sido la más fuerte de todos, por qué se enfermó? ¿En dónde se originó el problema?

En el último embarazo de Margarita hubo necesidad de una transfusión sanguínea. La madre había perdido mucha sangre, de no ser por esta transfusión ella habría llegado a un choque hipovolémico. Su vida estaba en peligro. Una de las bolsas de sangre contenía un virus mortalmente crónico. Ahí Margarita se enfermó de hepatitis B, enfermedad que a veces avanza sin dar una señal más que un dolor ocasional en el abdomen del lado derecho o cambios sutiles en la coloración de la piel, con la aparición de algunas manchas cuando se acerca a la vejez. Así, sin saberlo, Margarita se fue enfermando gradualmente. Nadie notó que perdía peso pero ganaba abdomen, que se cansaba fácilmente y que en ocasiones se fatigaba. Lo que fue detonando poco a poco fue el dolor de espalda crónico y que poco a poco se fueron deteniendo sus piernas.

Encontrar la explicación de un hecho médico que genera el cambio de la vida de una persona no cambia su pronóstico, pero sí prepara a la familia para tomar decisiones en el futuro. Después de saber el diagnóstico y que el cáncer en el hígado de Margarita crecía rápidamente, la decisión de la familia fue no decirle a Margarita el problema real de salud que tenía. Todos sabían que ella moriría en menos de un año. Los cuidados fueron más intensos; fue entonces que la familia decidió viajar a Cancún y pasar unos días junto al mar. A veces las enfermedades juegan caprichosamente con el tiempo. Cuando Margarita tenía mejor semblante, cuando más disfrutaba de la vida, una hemorragia de tubo digestivo la hizo ingresar a urgencias. Su cuerpo no resistió, aun a pesar de sus enormes ganas de vivir y conocer a su nieto (Paola tenía cinco meses de embarazo). Margarita agonizaba en esa cama hospitalaria. Armando, tomando su mano, le daba ánimos y le decía que todo estaría bien. Así fue como esa mujer se fue, junto a su esposo, como si estuviera durmiendo.

Cinco meses después, el viaje a Cancún estaba pagado, sólo faltaba un pasajero. Armando tenía una última cita.

Al regreso de la barca manejada por Miguel, a la orilla del mar se veían tres personas que saludaban al anciano. Cuando le ayudaron a bajar de la lancha, Armando abrazó a sus tres hijos, les dio las gracias por esperarlo y darle la posibilidad de despedirse de su amada de la única manera que podía hacerlo. Ya no pudo ver con ella la puesta de sol, se la dejó al mar y al sol para siempre.

Después de una existencia de subidas y vueltas, él le cumplió hasta el final de su vida su promesa. Armando, con voz serena, le pidió a sus hijos un último favor: que cuando llegara la hora de irse, también lo llevaran los tres en una urna y contarán 55 minutos en una lancha en el mar, un minuto por cada año de amor que vivió al lado de esa hermosa mujer, y justo ahí vertieran sus cenizas al mar, para de esa manera tratar de encontrar las de ella y quedar juntos para siempre. Todos se hundieron en un silencio entre triste y nostálgico. Paola le preguntó qué le había dicho a su madre al final, en ese último momento de estar juntos. Él les contestó: "No le dije nada, ustedes saben que soy muy malo para hablar; sólo le canté una canción."

Eres el mar
eres la brisa
si un día te vas,
llévate con tu recuerdo... mi sonrisa...

Los cerebros de esta historia.

Perder a la persona amada poco a poco, sabiendo que no se puede hacer mucho para evitarlo, le otorga tiempo al cerebro para adaptarse a este proceso doloroso. De esta manera, el hipotálamo interpreta que el tiempo que nos queda junto a la persona que queremos es corto, invocando en el hipocampo los mejores recuerdos junto a esa persona y procurando tener una mejor actitud. La amígdala cerebral incrementa una actitud motivadora junto a la persona, y cuando se aleja de ella inicia el proceso de tristeza y llanto. Cuando sabemos que la persona que amamos va perdiendo su vida, o merma su salud, el cerebro procura entender las circunstancias. La magnitud del dolor moral será proporcional al amor, y su entendimiento se procesa por parte de la ínsula, el giro del cíngulo y la corteza prefrontal. Este es un proceso natural y necesario para todos los seres humanos, a través de él aprendimos que el amor tiene un desarrollo y una etapa final. Somos la única especie que sabe que va a morir, que intenta trascender a través de los actos, la única especie capaz de emocionarse con un atardecer o llorar por una canción que nos recuerda algunos momentos de la vida.

Ante su pérdida, lo único que Armando tiene son los recuerdos. Con las mismas neuronas que amó a Margarita trata de activar los recuerdos, los cuales son capaces de liberar oxitocina, una hormona relacionada con el apego. Al cerebro le cuesta mucho trabajo romper rutinas, romper relaciones y adaptarse a lo nuevo. Es un órgano complejo que al mismo tiempo no le gusta correr riesgos, y cuando lo hace necesita hacer evaluaciones a corto plazo para saber si le han convenido los nuevos resultados. Por esta razón, después de la muerte de un cónyuge por una enfermedad crónica, los familiares refieren sentir tranquilidad y paz. Si bien la tristeza está presente, se tiene la certidumbre de que la persona amada, que ya no está con ellos, vive a través de los recuerdos. La oxitocina –la hormona que nos mantiene unidos como especie y como familia en un marco biológico– disminuye las sensaciones negativas del estrés y la tristeza e incrementa las conductas de cooperación y solidaridad.

En el cerebro de Armando quedó plasmado el enamoramiento, que inicia con la vehemencia de los años y en el arrebato de las hormonas, que anula la vista social y la lógica biológica y psicológica, que hace sentir que todo es fácil y se convierte poco a poco en un complejo de emociones que envuelve a la pareja. Es decir, ese enamoramiento se modifica gradualmente en un amor verdadero, el cual acepta a la pareja en todas sus dimensiones, sin juzgar, sin proyectar, entendiendo las virtudes y errores como una forma de aprendizaje y aceptación. Es común que después de una convivencia cotidiana, tras el cuarto o sexto mes de una relación, se comiencen a copiar aspectos de la conducta de la pareja. Ese es un proceso de mimetismo social que indica claramente cómo el cerebro de cada uno de los miembros de la pareja va fortaleciendo el apego que otorga la oxitocina, imitando los elementos conductuales pro sociales que parecen más atractivos de la pareja.

El cerebro joven de un varón tiene una gran capacidad intuitiva y es significativamente competitivo. La gran mayoría de las redes neuronales de los cerebros de los hombres se conectan satisfactoriamente hasta después de los 26 años. Los altos niveles de testosterona antes de esta edad indican que el cerebro del varón tiene poca conexión de la corteza prefrontal. Esto los hace irritables, inmaduros y arrogantes, pensando en grandes proyectos pero sin saber cómo lograrlos.

En contraste, el cerebro de la mujer, debido a sus altos niveles de 17 beta-estradiol, una de las principales hormonas ováricas, le permite una mayor organización neuronal, con un consecuente incremento de conexiones de redes neuronales, lo cual le permite que su cerebro esté mejor conectado a partir de los 21 años. En otras palabras, las mujeres llegan a la madurez biológica, psicológica y social significativamente más jóvenes que los varones. Por esta razón, una relación de pareja funciona mucho mejor cuando el varón es entre 5 a 7 años más grande que la mujer, ya que aunque el varón puede ser mayor biológicamente, neurológicamente son muy semejantes en la toma de decisiones y la evaluación de proyectos de vida.

En un noviazgo en el que ambos son jóvenes o tienen la misma edad, el denominador común es que los varones suelen ser inmaduros, celosos y dispuestos a iniciar al momento otra relación. A lo largo de la vida, los niveles de testosterona en el cerebro de los varones van disminuyendo, causando que el varón sea menos agresivo y más comprensivo. Emocionalmente, se vuelven más estables y procuran tener una mejor convivencia. Por ejemplo, el nacimiento de un hijo disminuye entre 15 a 20% los niveles de testosterona de su padre. Esto motiva que el padre no se vaya de su lado y esté con él hasta una edad en la que pueda valerse por sí mismo.

Armando pasó todas estas experiencias neuronales junto a su familia, junto a Margarita. Su cerebro fue adquiriendo experiencia, motivación y organizaciones neuronales a través de la experiencia de la pareja y de ser padre, y fue adquiriendo responsabilidades sociales cada vez más complejas. De la misma manera, entendió que el proceso de la fidelidad es un proceso que también se aprende y que, como el amor, es una decisión.

El cerebro de Margarita es un excelente ejemplo del cerebro de mujer: de peso promedio, tiene estructuras cerebrales mayores a las de Armando. El hipocampo, la estructura relacionada con la memoria y el aprendizaje, es 30% más grande; el cuerpo calloso, el cual es la estructura que une a ambos hemisferios cerebrales, es 25% más grande en las mujeres. Esto mejora la creatividad y el entendimiento de los aspectos sociales asociados con la inteligencia. Una mayor conectividad en el hemisferio cerebral izquierdo –en las áreas relacionadas con el procesamiento de lenguaje– hacía que Margarita siempre explicara los motivos de las cosas, otorgara consejos y entendiera de manera empática.

Margarita se enamoró, y aun sabiendo que tenía mejores opciones eligió a Armando como esposo. Esta mujer enamorada pasó gradualmente de ese proceso a un amor maduro, incluso lo hizo más rápido que Armando. Desde el inicio de su matrimonio, ella se adaptó más rápido a las circunstancias adversas, desde los embarazos y la evolución laboral de su esposo hasta el entendimiento de su enfermedad y su propia muerte. Tenía el cerebro para hacerlo. La abnegación, asertividad y el cuidado de su familia le fue otorgado por los límites sociales que se quedan grabados en la corteza prefrontal del cerebro. Cuando Margarita y Armando se casaron, él era cinco años mayor que ella. Esta diferencia ayudó mucho a crear un matrimonio estable.

El virus de la hepatitis B no tiene como sitio activo al cerebro, pero sí al hígado. Es capaz de cambiar el ritmo de intercambio celular por parte de la glándula hepática, generando tumores crónicos y silenciosos que buscan emigrar hacia otras regiones del cuerpo. En el caso del cuerpo de Margarita, la lesión fue a nivel lumbar, discretamente arriba de la cintura. Ahí fue el crecimiento de una masa ocupativa que tardó casi seis años en dar su primera manifestación: comprimir a los nervios que permiten el movimiento de las piernas. El dolor tiene un proceso cognitivo a nivel cerebral, si no le otorgamos atención, un dolor disminuye. De esta manera, Margarita intentó por mucho tiempo no otorgarle demasiada atención a su molestia, lo cual fue paradójicamente uno de los principales motivos por los que no se atendió adecuadamente.

Una promesa siempre motiva y genera un fenómeno de expectativa. Cuando es más complicado cumplirla puede generar procesos obsesivos. Hay promesas difíciles de cumplir, las cuales a lo largo de la vida pueden generar una disminución en la autoestima. Existen otro tipo de promesas que, aunque posibles, generan enojo y frustración si no se cumplen. Sin embargo, la promesa de la felicidad es una de las promesas más complicadas de cumplir y más generadoras de ansiedad si son sustituidas unilateralmente por la pareja. En contraste, las promesas que se cumplen por parte de la pareja fortalecen el vínculo afectivo y promueven la madurez.

Margarita fue el testigo principal de la pérdida de su salud, del incremento de sus dolores y el cambio en las sensaciones de sus piernas. Si algo la mantuvo siempre con ganas de vivir fue el amor de su esposo y sus hijos, el cual se vería fortalecido por las promesas posibles. Por eso, ante una enfermedad crónica prometer no envilece, al contrario, ayuda a que la persona enferma se sienta útil, motivada y con la necesidad de cumplir la confianza que le están otorgando otras personas a través de esa promesa. El advenimiento de la muerte es entendida de mejor manera cuando un cerebro ha vivido lo suficientemente para sentirse que puede despedirse adecuadamente. Este fue el caso de Margarita que, aunque no llegó a estar con Armando en ese hermoso mar de Cancún, trató de cumplir cabalmente hasta el final.

MENSAJE FINAL

El amor a veces viene envuelto en la última lágrima de unas palabras sinceras, en los últimos diez minutos del día, a veces está escondido en la sonrisa menos esperada. A veces el amor se oculta en los momentos de mayor estrés junto a la persona que nos ha brindado su apoyo incondicional, sin esperar nada a cambio. Otras veces pretende esconderse sin éxito en las malas palabras, en los insultos y humillaciones, siendo una máscara patológica que oculta a uno de los más hermosos sentimientos que puede tener el cerebro humano.

El amor a veces pretende aparecer en los extremos del día y los límites de una relación, mezclado con enojo y tristeza. Se observa paradójicamente en la nostalgia del recuerdo y en la necesidad de encontrar el perdón de quien se ofendió. El amor también se puede encontrar a diferentes edades, hay que entender que no hay edad para expresarlo, no hay edad límite para ser engañado o hacer sufrir a la persona amada.

El amor sincero persiste a pesar del tiempo, se encuentra en las mismas neuronas que convivieron y vieron crecer a la persona amada. Esos amores que nunca se olvidan, los que a pesar del tiempo siguen presentes en nosotros, y seguirán viviendo hasta el último suspiro que aporte oxígeno a las regiones cerebrales que guardan su recuerdo.

El amor y el desamor nos hacen obsesivos y compulsivos, son el principal componente de los momentos más hermosos de nuestra vida y, al mismo tiempo, los que pueden iniciar las patologías en una separación. La antítesis del amor no es el odio, queda muy claro que para el cerebro lo opuesto al amor es la indiferencia.

Para que el cerebro pueda amar sanamente, es muy importante haber tenido una infancia sana y un aprendizaje adecuado. Algunos cerebros llegan a la etapa de reconocer y otorgar el amor con grandes desventajas, el problema no solamente es de la pareja que no reconoce nuestro cariño, sino también de nuestro cerebro que no puede adaptarse al amor de otra persona. Aparecen grandes tragedias cuando el mensaje del amor no se interpreta adecuadamente.

El cerebro a veces miente para adaptarse, para sacar ventajas, sus motivos son tan diversos como las mentiras propias en la vida. Cuando las mentiras son descubiertas lastiman, sin embargo, cuando el dolor es demasiado fuerte y se descubre una infidelidad puede llegar a las consecuencias más terribles: matar al amor mismo.

Uno de los aspectos más elementales en la vida de una pareja es discutir y saber discutir. La gran mayoría de las parejas se ponen a prueba en los procesos de discusión. Saber discutir se puede convertir en un arte. Pensar que la vida es perfecta puede ser uno de los grandes dilemas en la pareja. La madurez del cerebro ayuda a que tengamos mejores discusiones y aprendamos el uno del otro. Sacar lo mejor de cada uno de nosotros después de una discusión con la pareja hace que la relación se fortalezca. Discutir por discutir, para sentirse mejor y obtener placer de ello, indica claramente que estos procesos han alcanzado ya circunstancias patológicas que amenazan con terminar la relación.

La distancia es uno de los principales enemigos del amor y favorece la separación. Debe quedar claro que para el cerebro la distancia no solamente es geográfica, también existe la ausencia en presencia; aun y cuando la pareja esté durmiendo a nuestro lado, puede estar ausente. La lejanía y el tiempo se encargan de poner a cada uno de los miembros de una pareja en su lugar.

Un primer beso, la primer salida, la primera vez que tomaron nuestras manos, la primera vez de nuestra sexualidad, todas las primeras veces son importantes. El cerebro se encarga de darle la magnitud a este evento y, al mismo tiempo, nos enseña a partir de ese hecho la comparación y el aprendizaje que vamos a tener en nuestra vida; detrás de cada primera vez, se esconde la emoción guardada y a veces la necesidad de repetirlas. Esto puede condicionar emociones atrapadas que nos pueden cambiar la vida, para bien o para mal.

El amor nos hace cambiar la forma, densidad y neuroquímica de conexiones neuronales; ser papá o mamá genera un cambio anatómico en el cerebro, el cual nunca vamos a modificar. Uno de los mejores regalos que nos otorgan los hijos al nacer, cuando los deseamos, los queremos y educamos, es que nuestro cerebro nos hace mejores seres humanos.

Esto también tiene impacto en el desarrollo del cerebro de nuestros hijos.

Nos guste o no, la gran mayoría de las historias de los ex amores deben de quedarse en el pasado, nuestro cerebro nos va a querer dar la jugarreta de volver a ver a una ex pareja tiempo después. Las tentaciones siempre van a existir, el control de nuestra corteza prefrontal nos hará entender que los ex amores nos enseñaron en momentos críticos de la vida a ser lo que somos. Querer reescribir historias y tratar de vivir segundas partes siempre llevan un riesgo concomitante: ser infelices y darnos cuenta que nos equivocamos.

El amor no son golpes, no son humillaciones y mucho menos negación de la realidad. El amor debe regocijarse con la felicidad de la dopamina, en los apegos de la oxitocina, en el gozo de la endorfina, para compartirse socialmente, para hacernos sentir acompañados. A diferencia del enamoramiento, el amor es un proceso más profundo que defiende y acepta a la persona como es. El amor ayuda a superar la más grande adversidad, es el motor más potente y muy difícil de limitar. Con amor no se puede cambiar la realidad, pero sí se pueden compartir las soluciones para los problemas, escuchar cuando se está triste, estar en silencio cuando es necesario y compartir una sonrisa para empezar de nuevo.

El desamor, bien llevado, adaptado y tomado con madurez, nos enseña a ser mejores personas. El cerebro aprende adecuadamente de la experiencia y entonces no vuelve a cometer los mismos errores. Iniciar una relación es maravilloso, terminarla adecuadamente también se puede convertir en un gran aprendizaje, en una experiencia necesaria y un proceso del cual la gran mayoría de nosotros deberíamos sentirnos orgullosos. Separarnos, terminar una relación o saber cuándo dejar ir a la persona amada a tiempo debe ser una parte fundamental en nuestra vida.

El amor es el gran motivador de nuestra vida, el que pretendemos alcanzar desde etapas muy tempranas, el mismo que se encuentra detrás de todas las historias épicas más grandes del ser humano... y de sus errores más terribles. Ese amor que a veces nos obsesiona y nos hace llorar, ese amor que nos hace ser mejores personas y que a veces nos hace comportarnos como no quisiéramos. Todos esos caminos, sin excepción, además de pasar por el corazón, se encuentran circunscritos en el cerebro.

Amor y desamor en el cerebro de Eduardo Calixto
se terminó de imprimir en abril de 2018
en los talleres de
Litográfica Ingramex, S.A. de C.V.
Centeno 162-1, Col. Granjas Esmeralda,
C.P. 09810, Ciudad de México.